“十四五”高等职业教育新形态一体化系列教材

网页设计与制作

WANGYE SHEJI YU ZHIZUO

HTML&CSS

主　编◎曹　雁
副主编◎吴小燕　肖智兵　袁　瑛　付金灵
主　审◎胡昌杰

中国铁道出版社有限公司
CHINA RAILWAY PUBLISHING HOUSE CO., LTD.

内 容 简 介

本书以培养网页设计与制作开发能力为目标，采用校企双元开发，以项目为载体贯穿知识点和技能点，借助企业一线最新任务案例，并融入“1+X”Web 前端开发职业技能等级证书所考知识点，为考证提供支持。

按照工作系统化理念，梳理典型工作任务，结合“1+X”相应证书要求，梳理职业能力，并将职业能力模块化，构建五个项目。项目下包含该项目涉及的职业能力，并将职业能力用具体的任务体现，最后是该项目的实施步骤。

本书体现以学生为主体，提供每个项目实施关键代码，并设计项目任务实施记录单，鼓励学生记录、反思，进而激发学生的创新实践能力。同时针对关键技能点，插入视频二维码，实现手机随扫随学。

本书可作为高等职业学校“网页设计与制作”课程的教材，也可作为“1+X”Web 前端开发职业技能等级证书的参考教材。

图书在版编目(CIP)数据

网页设计与制作/曹雁主编. —北京：中国铁道出版社有限公司，2022.8（2024.12重印）
“十四五”高等职业教育新形态一体化系列教材
ISBN 978-7-113-29248-5

Ⅰ. ①网… Ⅱ. ①曹… Ⅲ. ①网页制作工具-高等职业教育-教材 Ⅳ. ①TP393.092.2

中国版本图书馆CIP数据核字（2022）第099457号

书　　名：网页设计与制作
作　　者：曹　雁

策　　划：徐海英　王春霞　　　　**编辑部电话：**（010）63551006
责任编辑：王春霞　张　彤
封面设计：尚明龙
责任校对：安海燕
责任印制：赵星辰

出版发行：中国铁道出版社有限公司（100054，北京市西城区右安门西街 8 号）
网　　址：https://www.tdpress.com/51eds
印　　刷：三河市兴达印务有限公司
版　　次：2022 年 8 月第 1 版　2024 年 12 月第 2 次印刷
开　　本：850 mm×1 168 mm 1/16　**印张：**16.75　**字数：**425 千
书　　号：ISBN 978-7-113-29248-5
定　　价：52.00 元

前言

随着互联网技术的飞速发展，网络已遍及人们生活的每个角落，逐渐改变着人们的生活、学习和工作方式，并进一步影响产业结构的调整。越来越多的企事业单位、行政机关或个人定制个性化网站，并利用网站平台开展各项业务。产业结构的变化、时代的发展，呼唤越来越多的 Web 前端开发人员加入这个前景广阔的行业中来，而“网页设计与制作”是 Web 前端开发岗位非常重要的专业基础课。通过学习网页设计与制作，学生能够熟练掌握网页制作的基本语法和应用场合，熟练运用 CSS 样式、元素定位、页面布局等技能，进而培养学生能够根据客户需求，设计制作个性化网站。

本书共有五个项目。项目 1 是简单静态页面制作，主要介绍 HTML 基本标签的用法，通过对社区主页面的制作，让读者掌握运用基本 HTML 标签制作网页的技能；项目 2 是使用 CSS 设计页面样式，主要介绍了 CSS 样式理论、CSS 样式选择器、CSS 样式美化网页，通过对“欢乐购”网站的设计与分步骤制作，让读者深刻理解和掌握如何使用 CSS 样式选择器美化页面；项目 3 是盒子模型和元素定位，主要介绍盒子模型理论、元素相对定位、绝对定位、固定定位、浮动定位等，通过设计与制作“一起去旅行”登录页面，让读者理解盒子模型理论和定位问题，并能灵活应用技能实现特效；项目 4 是网页布局，主要介绍页面布局理论以及几种常见页面布局的用法，通过设计与制作“一起去旅行”首页和旅行详情页面，让读者熟练掌握和应用页面布局技能；项目 5 是 CSS3 新特性灵动页面，主要简单介绍了 CSS3 的特效，通过设计与制作“音悦 tai”网站，让读者体验到 CSS3 的灵动特性的用法。

本书按照工作系统化理念，根据典型工作任务并结合“1+X”相应证书要求，梳理职业能力，并将职业能力模块化，构建五个项目。教学内容以常见的网页类型项目为主线，通过挖掘完成项目所需技能，按照项目目标—项目描述—相关知识—实施项目的形式编写，同时使用微课辅助学习。

本书由曹雁任主编，吴小燕、肖智兵、袁瑛、付金灵任副主编，胡昌杰任主审。

虽然我们对本书的内容都尽量核实，并进行多次校正，但因时间限制，可能还存在疏漏和不足之处，恳请读者批评指正。如果读者在学习和使用本书的过程中遇到困难或疑惑，请发邮件至 35498731@qq.com，我们会尽力解答。

编　者

2022 年 2 月

目　录

项目 1

简单静态页面制作

同学们，大家好！欢迎来学习网页制作。本项目将带大家一起走进网页制作世界，认识常见网页如何制作，用什么工具制作。

1.1 项目目标

- 会使用 HBuilder 工具制作网页。
- 能使用文本、超链接、列表等标签制作内容页面。
- 能创建表格、制作表单。

1.2 项目描述

本项目所制作社区网站包含两个页面，如图 1-1 所示社区主页面，图 1-2 所示注册页面。

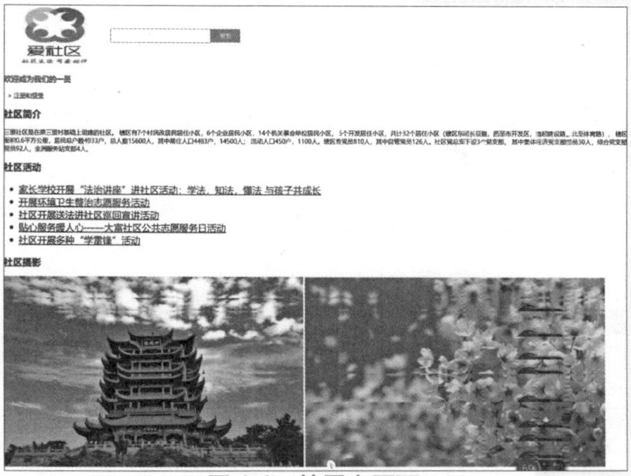

图 1-1　社区主页面

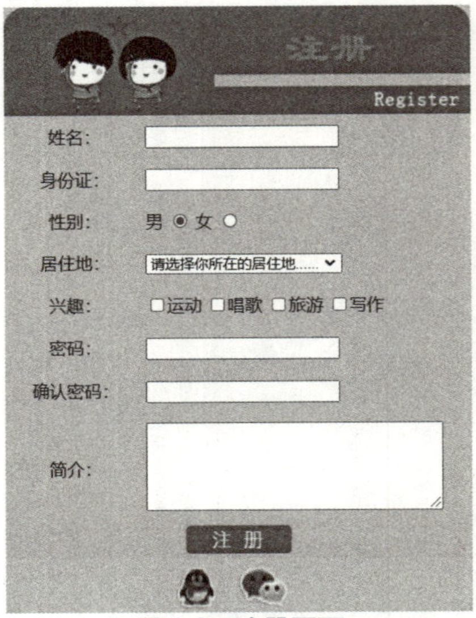

图 1-2　注册页面

1.3 相关知识

1.3.1　开发工具 HBuilder 的使用

1. 下载 HBuilder

（1）打开浏览器，进入 HBuilder 官方网站首页，如图 1-3 所示。

图 1-3　HBuilder 官方网站首页

（2）下载 HBuilder 安装压缩文件（HBuilderX.3.0.7.20210123.full.zip），如图 1-4 所示。

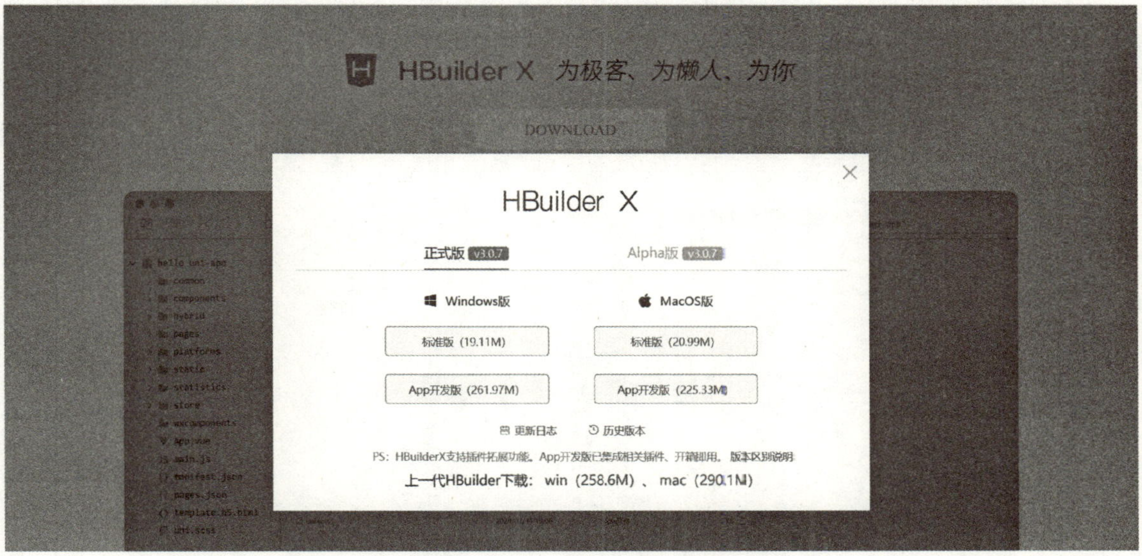

图 1-4　HBuilder 下载网址

2. 安装并启动 HBuilder

将下载的压缩文件解压，如图 1-5 所示。

图 1-5　HBuilder 安装包文件

3. 使用 HBuilder 创建一个 Web 项目

（1）创建项目和 HTML 文件。单击打开“文件”菜单，选择“新建”命令，再选择“项目”命令，如图 1-6 所示，弹出“新建项目”对话框，如图 1-7 所示。在“新建项目”对话框中，填写项目名称、项目保存路径以及可使用的模板。单击“创建”按钮，显示创建的项目目录结构，如图 1-8 所示，其中 css 文件夹用于存放样式文件、img 文件夹用于存放图片资源文件、js 文件夹用于存放 js 脚本文件。

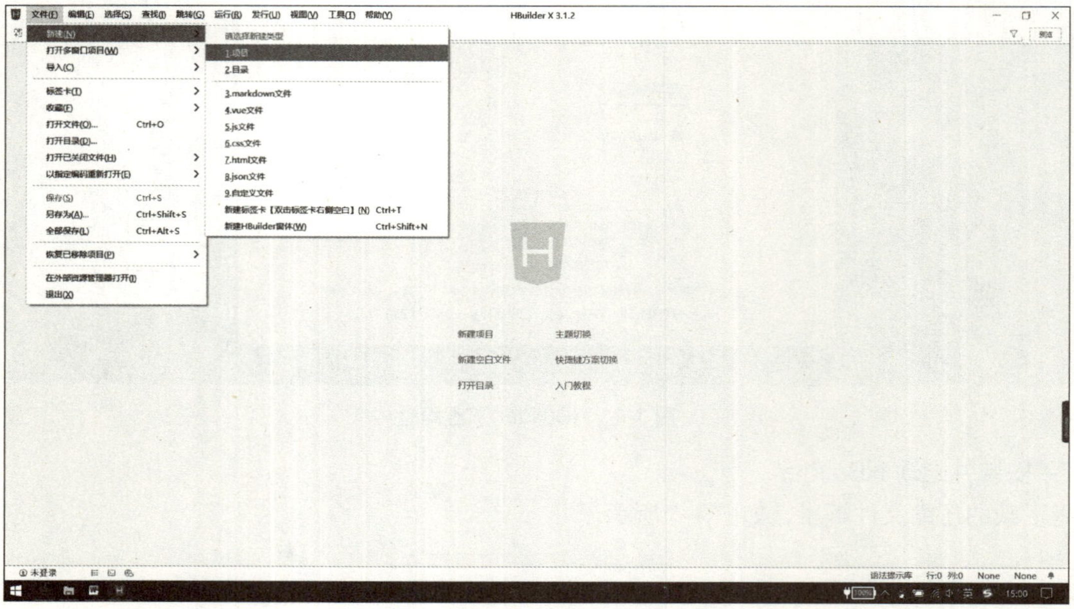

图 1-6　HBuilder 开发环境

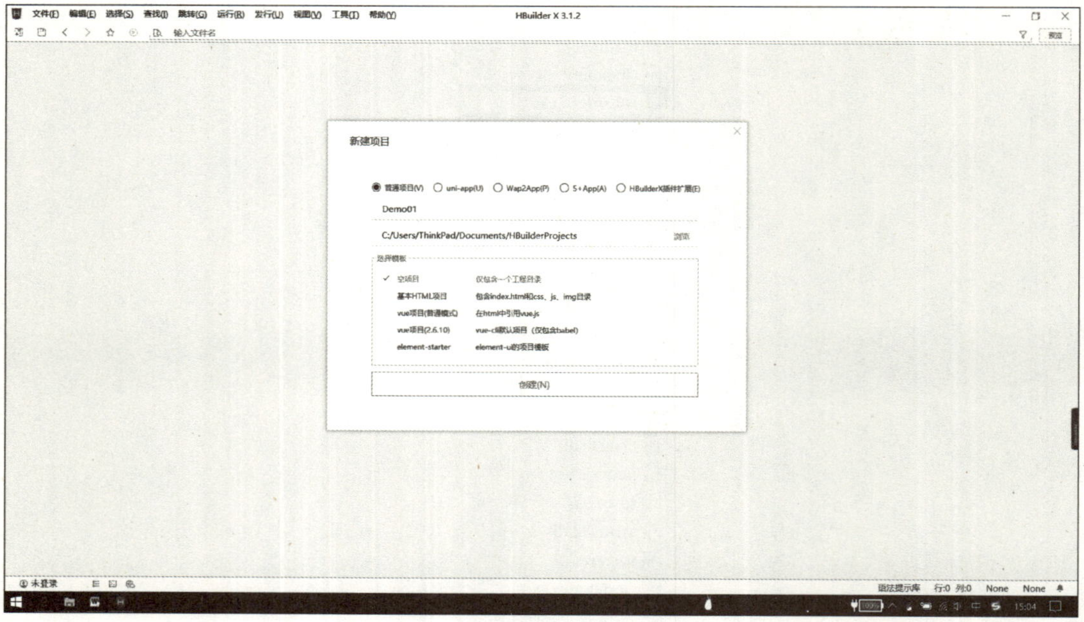

图 1-7　“新建项目”对话框

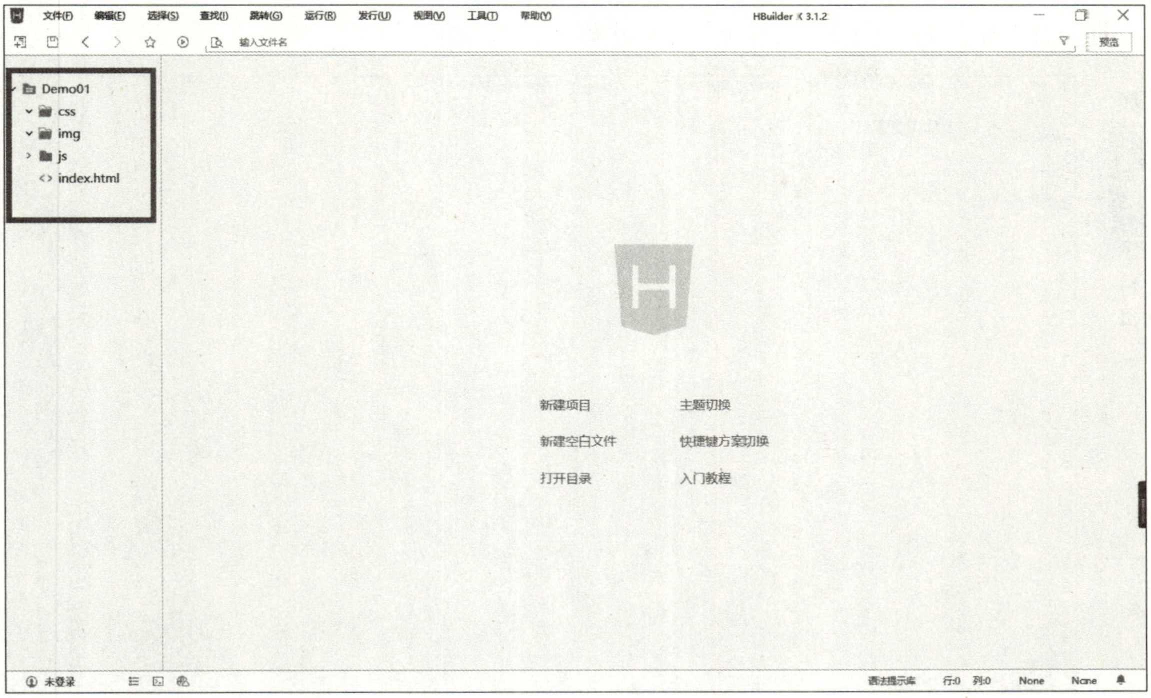

图 1-8　创建的项目目录结构

（2）编辑 HTML 文件。右击项目名称，在弹出的快捷菜单中选择“新建”→“html 文件”命令，新建 HTML 文件，如图 1-9 所示。

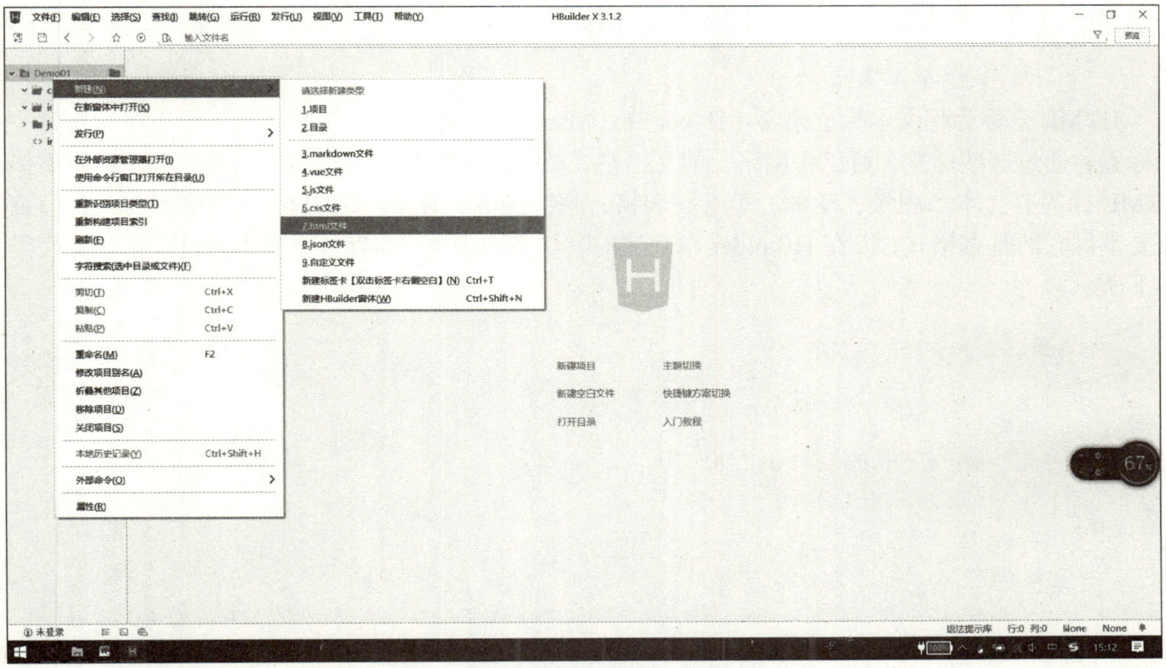

图 1-9　新建 HTML 文件

打开 HTML 文件，浏览文档结构，进行编辑，如图 1-10 所示。

视 频

编写并运行第一个网页

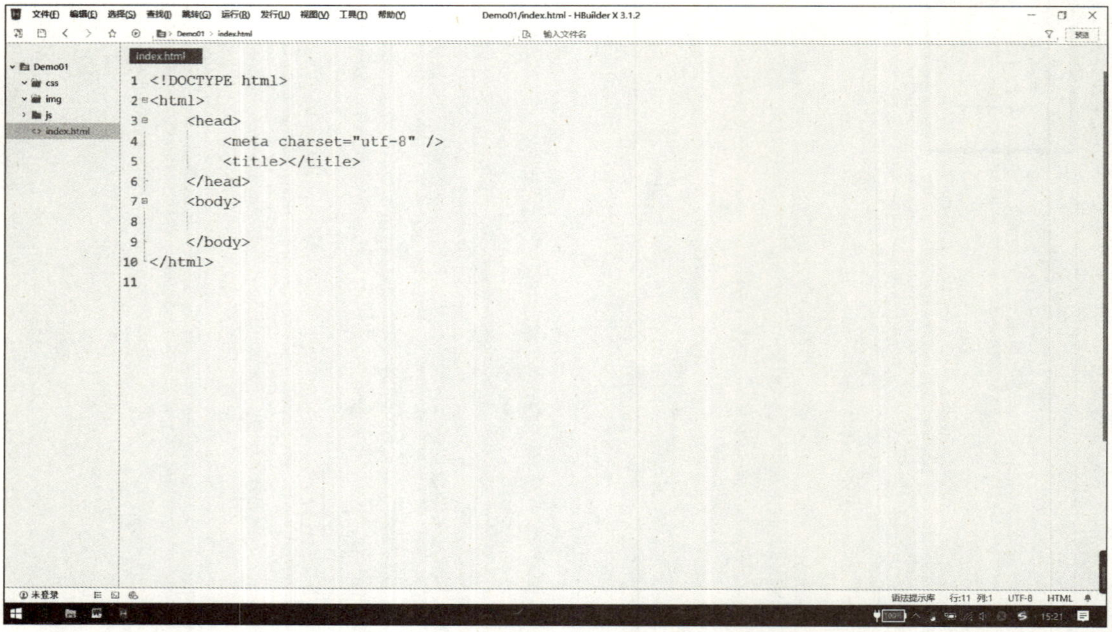

图 1-10　网页文档结构

（3）使用浏览器运行 HTML 文件。

按下【Ctrl+R】组合键，选择浏览器运行 HTML 文件，查看运行效果。

1.3.2　文本、图像、超链接等标签的使用

1. HTML 文档基本格式

HTML 全称为超文本标记语言（Hyper Text Markup Language），它是一种标记语言，包含一系列标签，通过这些标签，可以将网络上的文档格式统一，使分散的网络资源融合为一个逻辑整体，HTML 标签有文本、图像、动画、声音、表格、超链接等。在学习 HTML 这门语言前，我们首先需要掌握它的基本格式，以在 HBuilder 中新建的默认文档为例，在默认文档中会自带一些源代码，如下所示。

```
<!DOCTYPE html>
<html>
    <head>
        <meta charset="utf-8" />
        <title></title>
    </head>
    <body>
        。。。。。
    </body>
</html>
```

这些源代码构成了 HTML 文档的基本格式，其中主要包括 <!DOCTYPE> 文档类型声明部分、<html> 根标签、<head> 头部标签以及 <body> 主体标签。

<!DOCTYPE> 标签位于文档的最前面，用于向浏览器说明当前文档使用的是 HTML 标准规范。<html> 标签位于 <!DOCTYPE> 之后，标志着 HTML 文档开始，</html> 标签标志着 HTML 文档的结束，在它们之间是文档头部和主体内容部分。

<head> 标签紧跟在 <html> 之后，用于定义 HTML 文档的头部信息。<head> 标签主要用于封装其他位于文档头部的标签，如 <title>、<meta>、<link> 和 <style> 等，用于描述文档的标题、作者以及与其他文档的关系。

<body> 标签用于定义 HTML 文档所要显示的内容，浏览器中显示的所有的文本、图像、视频、音频等信息都位于 <body> 中，才能展示给用户看。一个 HTML 文档只能包含一对 <body>，且 <body> 必须在 <html> 内，位于 <head> 之后，与 <head> 是并列关系。

在 HTML 页面中，带有"< >"符号的元素被称为标签，HTML 标签要有语义性。HTML 标签可分为单标签、双标签、注释标签。

（1）单标签是指用一个标签符号即可完整地描述某个功能的标签。其基本语法格式为：

```
</ 标签名 >
```

例如代码：

```
</br>
```

（2）双标签是指由开始和结束两个标签符号组成的标签。其基本语法格式为：

```
< 标签名 > 内容 </ 标签名 >
```

例如，前面文档结构中的 <html> 和 </html>、<head> 和 </head>、<body> 和 </body> 等都属于双标签。

（3）注释标签是指当需要在 HTML 文档中添加一些便于阅读和理解但又不需要显示在页面中的注释文字，就需要使用注释标签。其基本语法格式为：

```
<!-- 注释语句 -->
```

注释内容不会显示在浏览器窗口中，但是会作为 HTML 文档内容的一部分，被下载到用户的计算机上，用户通过浏览器查看源代码时可看到注释标签。

2. HTML 页面头部标签

我们在制作网页时，需要设置页面的基本信息，如页面的标题、作者以及与其他文档的关系等。HTML 提供了设置这些基本信息的一系列标签，这些标签通常都写在 head 标签内，因此被称为头部相关标签。

（1）<title> 标签——设置页面标题。

<title> 标签用于定义 HTML 页面的标题，即给网页取一个名称，位于 <head> 标签之内。一个 HTML 文档只能包含一对 <title></title> 标签，<title></title> 之间的内容将显示在浏览器窗口的标

题栏中。其基本语法格式为：

```
<title> 网页标题名称 </title>
```

通过一个简单的案例演示 <title> 标签的用法，如例 1 所示。

例 1 编写第一个网页，运行后在页面显示“Hello World!”。

```
<!DOCTYPE html>
<html>
    <head>
        <meta charset="utf-8" />
        <title> 我写的第一个网页 </title>
    </head>
    <body>
        Hello World!
    </body>
</html>
```

例 1 中的第五行代码中，使用 <title> 标签设置页面的标题。运行例 1，效果如图 1-11 所示。

图 1-11 第一个网页

（2）<meta> 标签——定义页面元信息。

<meta> 标签用于定义页面的元信息，可重复出现在 <head> 头部标签中，它是一个单标签。<meta/> 标签本身不包含任何内容，而是通过使用其 name/content 等属性定义页面的相关参数，如为搜索引擎提供网页的搜索关键字、作者姓名、内容描述，还能定义网页的刷新时间等。其具体应用为：

```
<meta name=" 名称 "content=" 值 "/>
```

当 <meta> 标签中的 name 属性值为 keywords 时，用于定义搜索内容名称为网页关键字，content 属性的值用于定义关键字的具体内容，多个关键字内容之间用“,”隔开；当 <meta> 标签中的 name 属性值为 description 时，用于定义搜索内容名称为网页描述，content 属性的值用于定义描述的具体内容，描述的内容文字不必过多；当 <meta> 标签中的 name 属性值为 author 时，用于定义搜索内容名称为网页作者，content 属性的值用于定义作者的具体信息。其具体应用为：

```
<meta http-equiv=" 名称 "content=" 值 "/>
```

在<meta>标签中使用http-equiv/content属性可以设置服务器发送给浏览器的HTTP头部信息，为浏览器显示该页面提供相关的参数。当 http-equiv 属性值为 refresh，content 属性的值为数值，还有 url 值，中间用“;”隔开，用于让浏览器在指定的时间后跳转到目标页面，该时间默认以秒为单位。例如：

```
<meta http-equiv="refresh" content="10";url="http//:www.baidu.com"/>
```

在 <meta> 标签中使用 charset 属性用来设置字符集。例如：

```
<meta charset="utf-8" />
```

utf-8 是国际化编码，它是目前最常用的字符集编码方式。

（3）<link> 标签——引用外部文件。

一个页面往往需要多个外部文件配合实现某种效果，就需要在 <head> 中使用 <link> 标签引用外部标签。一个页面中可使用多个 <link> 标签引用多个外部文件。其基本语法格式为：

```
<link 属性 =" 属性值 "/>
```

例如，引入外部 CSS 样式表：

```
<link rel="stylesheet" type="text/css" href="style.css"/>
```

上述代码表示在当前 HTML 文档中引入当前 HTML 页面所在的文件夹中名为“style.css”的CSS 样式表文件。

（4）<style>——使用内嵌样式。

<style> 标签用于为 HTML 文档定义 CSS 样式信息，位于 <head> 标签中，其基本语法格式为：

```
<style 属性 =" 属性值 "> 样式内容 </style>
```

例如，设置 HTML 文档的 CSS 样式：

```
<head>
    <style type= “text/css” >
      p{color:red;}
    </style>
 </head>
```

3. 文本标签、图像标签、超链接标签

（1）文本标签。

一般网页内容由文本、图像、视频、音频等组成。其中文本占有较大的篇幅，为了让网页中的文本排版整齐，结构清晰，HTML 提供了一系列的文本标签，如标题标签 <h1>~<h6>，段落标签 <p> 等。

① 标题标签 <hn>。

HTML 提供了六个等级的标题，分别是 <h1>、<h2>、<h3>、<h4>、<h5>、<h6>，重要性依次递减，字号依次变小。其基本语法格式为：

```
<hn align=" 对齐方式 "> 标题文本 </hn>
```

上述语法中 n 的取值为 1~6，如例 2 所示，align 属性用于设置标题的对齐方式，属性值可以是 left、center 或者 right。

例 2 标题标签的用法。

```
<!DOCTYPE html>
<html>
    <head>
        <meta charset="utf-8">
        <title> 标题标签的使用实例 </title>
    </head>
    <body>
        <h1> 一级标题 </h1>
        <h2> 二级标题 </h2>
        <h3> 三级标题 </h3>
        <h4> 四级标题 </h4>
        <h5> 五级标题 </h5>
        <h6> 六级标题 </h6>
    </body>
</html>
```

上述代码运行效果如图 1-12 所示。

图 1-12　标题标签的用法

从图中可以看出，默认情况下标题文字是加粗左对齐，并且字号从 <h1>~<h6> 依次递减。如果想要设置标题的对齐方式，就需要设置 align 属性。

一个页面中只能使用一个 <h1> 标签，<h1> 标签常常被用在网站的 logo 部分。标题标签拥有确切的语义，因此不能为了仅仅设置文字加粗或更改文字的大小而滥用标题标签。

② 段落标签 <p>。

要使网页中的文字排版整齐，需要用到段落标签 <p>。<p> 段落标签会根据浏览器窗口的大小自动换行。<p> 段落标签的基本语法格式为：

```
<p align="对齐方式">段落内容</p>
```

<p> 段落标签也能通过 align 属性设置段落对齐方式。align 的值为 left，则段落内容左对齐，段落内容默认的对齐方式也是左对齐。align 的值为 center，则段落内容居中对齐。align 的值为 right，则段落内容右对齐，如例 3 所示，运行后效果如图 1-13 所示。

例 3　段落标签的用法。

```
<!DOCTYPE html>
<html>
    <head>
        <meta charset="utf-8">
        <title>段落标签的使用实例</title>
    </head>
    <body>
        <p>第一个段落</p>
        <p>第二个段落</p>
        <p>第三个段落</p>
        <p align="left">段落 4</p>
        <p align="center">段落 5</p>
        <p align="right">段落 6</p>
    </body>
</html>
```

如图 1-13 所示，通过使用 <p> 段落标签后，每个段落都会独占一行，并且段落之间有段落间距。设置 align 属性的段落，内容对齐方式也因 align 属性值的不同而发生变化。

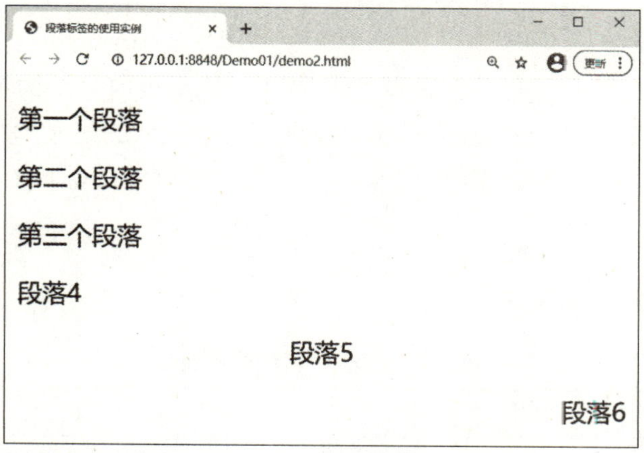

图 1-13　段落标签的用法 1

需要注意的是：在 <p> 段落标签中，无论文字之间有几个空格，最终在浏览器上只会显示一个空格的间隙，因为浏览器忽略了源代码本身的排版，如例 4 所示，最终效果如图 1-14 所示。

例 4　段落标签的用法。

```
<!DOCTYPE html>
<html>
    <head>
        <meta charset="utf-8">
        <title>段落标签的使用实例</title>
    </head>
    <body>
        <h1>所见</h1>
        <p>
            牧童骑黄牛,
                歌声振林樾。
            意欲捕鸣蝉,
                忽然闭口立。
        </p>
    </body>
</html>
```

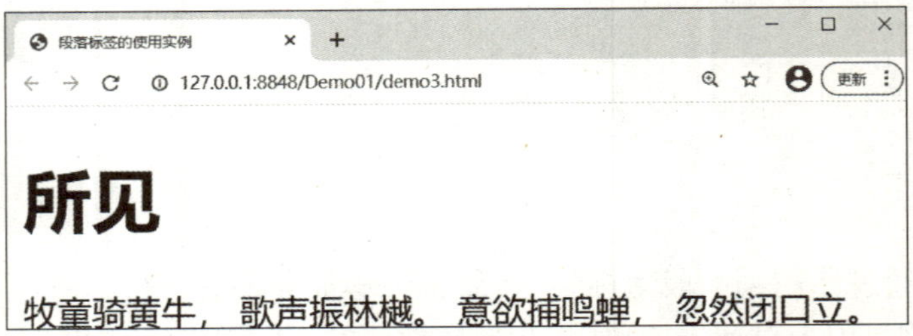

图 1-14　段落标签的用法 2

③ 水平线标签 <hr>。

水平线标签的作用主要是把段落与段落之间隔开，使网页内容结构更加清晰，层次分明。水平线标签是用 <hr> 标签表示，<hr> 是单标签，在浏览器中默认的是显示一条水平的横线，当然也可以通过插入图片方式实现水平线的特殊效果。<hr> 水平线标签的基本语法格式为：

```
<hr 属性 =" 属性值 "/>
```

<hr> 标签的常用属性见表 1-1。

表 1-1　<hr> 标签的常用属性

属　性	含　义	属 性 值
algin	设置水平线的对齐方式	值可为 left、right、center，默认是 center（居中对齐）
size	设置水平线的粗细	以像素为单位，默认是 2 像素
color	设置水平线的颜色	值可为颜色英文名称、十六进制 #RGB 或 rgb(r,g,b)
width	设置水平线的宽度	值可为确定的像素值，也可用浏览器窗口的百分比表示，默认是 100%

下面通过使用水平线分割段落的实例，例 5 来演示 <hr> 标签的使用方法，运行效果如图 1-15 所示。

例 5 水平分割线的用法。

```
<!DOCTYPE html>
<html>
    <head>
        <meta charset="utf-8">
        <title> 水平线标签的使用实例 </title>
    </head>
    <body>
        <h3> 所见 </h3>
        <p> 牧童骑黄牛，歌声振林樾。</p>
        <p> 意欲捕鸣蝉，忽然闭口立。</p>
        <hr color="red" size="2" />
        <h3> 相思 </h3>
        <p> 红豆生南国，春来发几枝。</p>
        <p> 愿君多采撷，此物最相思。</p>
    </body>
</html>
```

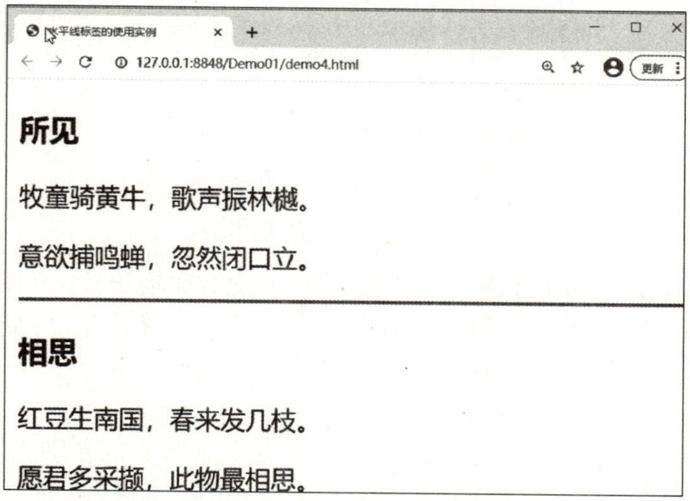

图 1-15 水平分割线的用法

在实际应用中，不建议使用 <hr> 的所有外观属性，可通过后期 CSS 样式的相关知识进行设置。

④ 换行标签
。

在一个段落中文字默认从左向右排列，到达浏览器窗口的右端后，自动换行。若希望某一行文字强制换行显示，如果使用【Enter】键换行不起作用，这时需要用到
 换行标签。
 是单标签，作用等同于 Word 中的【Enter】键。

例 6 演示
 标签的使用方法，运行效果如图 1-16 所示。

例 6 换行标签的用法。

```
<!DOCTYPE html>
<html>
    <head>
        <meta charset="utf-8">
        <title>换行标签的使用实例</title>
    </head>
    <body>
        <h3>所见</h3>
        <p>牧童骑黄牛，歌声振林樾。
        意欲捕鸣蝉，忽然闭口立。</p>
        <h3>相思</h3>
        <p>红豆生南国，春来发几枝。<br/>
        愿君多采撷，此物最相思。</p>
    </body>
</html>
```

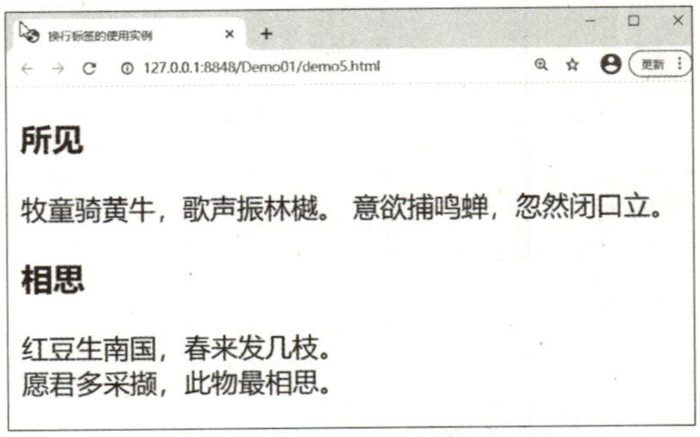

图 1-16　换行标签的用法

从图 1-16 中可以看出，在源代码中使用【Enter】键对代码换行后，在浏览器显示效果中并没有换行，只是多出了一个空字符，而使用换行标签
 后的段落实现了强制的换行效果。需要注意的是
 可以实现换行的效果，但是不能替代结构标签 <h>、<p> 等。

⑤ 文本格式化标签。

在网页中有些文本内容需要通过粗体、斜体或者下画线加以强调突出，这时就可以使用 HTML 中专门的文本格式化标签如 <strong>、<i> 等。常用的文本格式化标签见表 1-2。

表 1-2　常用的文本格式化标签

标　签	属 性 值
<b></b> 和 <strong></strong>	<b> 定义文本粗体，<strong> 定义强调文本
<i></i> 和 <em></em>	<i> 定义斜体字，<em> 定义强调文本
<s></s> 和 <del></del>	文本以加删除线方式显示（HTML5 不建议使用 s）
<u></u> 和 <ins></ins>	文本以加下画线方式显示（HTML5 不建议使用 u）

通过例 7 演示文本格式化标签的使用方法，运行效果如图 1-17 所示。

例 7 格式化文本标签的用法。

```
<!DOCTYPE html>
<html>
    <head>
        <meta charset="utf-8">
        <title> 文本格式化标签的使用实例 </title>
    </head>
    <body>
        <p> 正常显示的文本 </p>
        <p><b> 文本是使用 b 标签定义的加粗文本 </b></p>
        <p><strong> 文本是使用 strong 标签定义的强调文本 </strong></p>
        <p><i> 文本是使用 i 标签定义的斜体文本 </i></p>
        <p><em> 文本是使用 em 标签定义的强调文本 </em></p>
        <p><del> 文本是使用 del 标签定义的删除线文本 </del></p>
    </body>
</html>
```

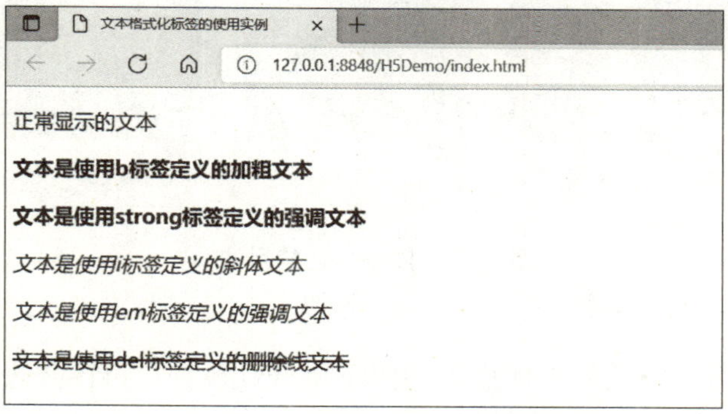

图 1-17 格式化文本标签的用法

⑥ 特殊字符标签。

在浏览网页时会看到一些包含特殊字符文本，如图 1-18 所示，© 表示版权的特殊字符文本。除了版权字符外，还有数字公式、注册商标特殊字符等，如何在网页中显示这些特殊文本？HTML 已为这些特殊字符文本准备了专门的替代代码，常用特殊字符的表示见表 1-3。

图 1-18 特殊字符标签

表 1-3　常用特殊字符的表示

特殊字符	描　述	字符对应的代码
	空格符	
<	小于号	<
>	大于号	>
&	和号	&
"	引号	"
©	版权	©
®	注册商标	®
¥	人民币	¥

（2）图像标签的用法 1。

一个引人入胜的网页，往往包含许多图片。合理运用图文排版，能使枯燥的网页变得丰富多彩，如图 1-19 所示，页面中使用图像标签 <img>，通过设置其“相对路径”制作出的一个图文混排的效果。

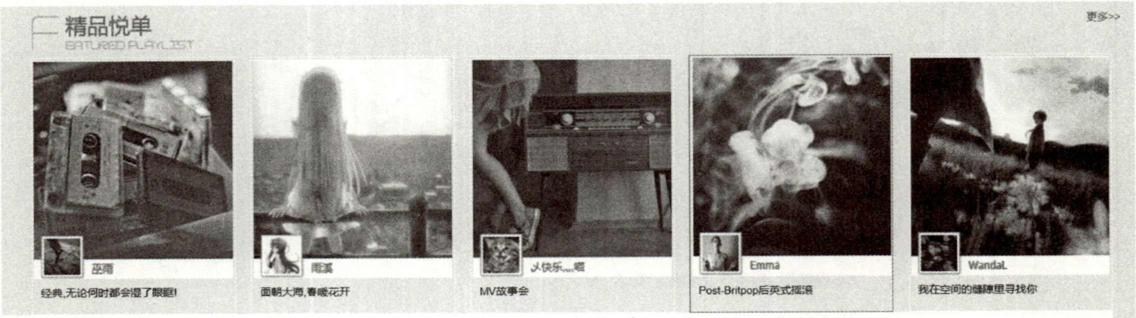

图 1-19　图像标签的用法 1

① 常见图像格式。

目前网页上常用的图像格式主要有 GIF、PNG 和 JPG 三种。具体介绍如下：

• GIF 格式

GIF 格式重要的特点是支持动画，它是一种无损的图像格式，即修改图片之后，图片质量不会压缩。GIF 支持透明效果，只处理 256 种颜色，因此在网页制作中，GIF 格式常常用于网页的 logo、小图标和其他色彩相对单一的图像。

• PNG 格式

PNG 格式压缩比高，与 GIF 格式相比，生成文件体积更小。PNG 格式支持 Alpha 透明，并且颜色过渡更加平滑，但 PNG 格式不支持动画。

• JPEG 格式

JPEG 格式显示的颜色比 GIF、PNG 格式多。但是 JPEG 格式是一种有损压缩的图像格式，每次修改图片都会造成一些图像数据的丢失。JPEG 格式是专门为照片图像设计的文件格式，网页制作过程中大多数图像素材都是保存为 JPEG 格式，比如说网页中的横幅广告（banner）、商品图片、较大的插图等。

通常来说，在网页中小图片或网页的图标、按钮等考虑用 GIF 格式或 PNG-8 格式，半透明图像考虑用 PNG-24 格式，常见的照片图像考虑用 JPG 格式。

② 图像标签 <img>。

要想在网页中显示图像内容，就需要用到图像标签 <img>，其基本语法格式为：

```
<img src=" 图像 URL"/>
```

该语法中的 src 属性用于指定图像文件的路径和文件名。图像文件的路径是指文件在计算机中所存放的位置。网页中的路径分为绝对路径和相对路径。

- 绝对路径

绝对路径是指网页上的文件或目录在硬盘上的真正路径。如“C:\Users\86137\Documents\HBuilderProjects\Demo01\img\logo.gif ”。网页中不推荐使用绝对路径。因为网页制作完成后需要将所有的文件上传至服务器。这时图像文件在服务器上路径可能发生变化，可能在 C 盘、D 盘或者其他文件夹中，所以最终在网上要想显示出来的地址并不是“C:\Users\86137\Documents\HBuilderProjects\Demo01\img\logo.gif ”这个路径，导致图像显示失败。

- 相对路径

相对路径是指相对于当前文件的路径。相对路径是以 HTML 网页文件为起点，通过层级关系描述目标图像的位置。如若图像文件和 HTML 网页文件位于同一个文件夹中，则图像文件的表示方法是 <img src="logo.gif"/>；若图像文件位于 HTML 网页文件的下一级 images 文件夹中，则图像文件路径的表示方法是输入文件夹名称和文件名，如 <img src="images/logo.gif"/>；若图像文件位于 HTML 网页文件的上一级文件夹，则需要在文件名之前加“../”，如果是上两级，则需要使用“../../”，依次类推，如 <img src="../logo.gif "/>。

网页中的图片大小、位置等也各不相同，设置图片的大小、位置等样式需要用到 img 标签的其他属性，见表 1-4。

表 1-4　<img> 标签的属性

属　性	属 性 值	描　述
src	URL	图像的路径
alt	文本	图像不能显示时替换的文本
title	文本	鼠标悬停时显示的内容
width	像素	定义图像的宽度
height	像素	定义图像的高度
border	数字	定义图像边框的宽度
hspace	像素	定义图像左侧和右侧的空白（水平边距）
vspace	像素	定义图像顶部和底部的空白（垂直边距）
align	left	图像左端对齐
	right	图像右端对齐
	top	图像顶端和文本的第一行文字对齐，其他文字在图像下方
	middle	图像的水平中线和文本的第一行文字对齐，其他文字在图像下方
	bottom	图像底部和文本的第一行文字对齐，其他文字在图像下方

通过例 8 演示图像标签的使用方法，运行效果如图 1-20 所示。

例 8　图像标签的用法 2。

```
<!DOCTYPE html>
<html>
    <head>
        <meta charset="utf-8" />
        <title>图像标签的使用实例</title>
    </head>
    <body>
        <h2>华为手机</h2>
        <p>
        <img src="img/phone1.jpg" alt="nova 8" title="nova 8照片 " width="100"
height="140" align="middle"/>详情：华为手机nova 8
        </p>
        <p>
        <img src="img/phone2.jpg" alt=" Mate 40 " title=" Mate 40 照片 "
width="100" height="140" align="top"/>详情：华为手机 Mate 40
        </p>
    </body>
</html>
```

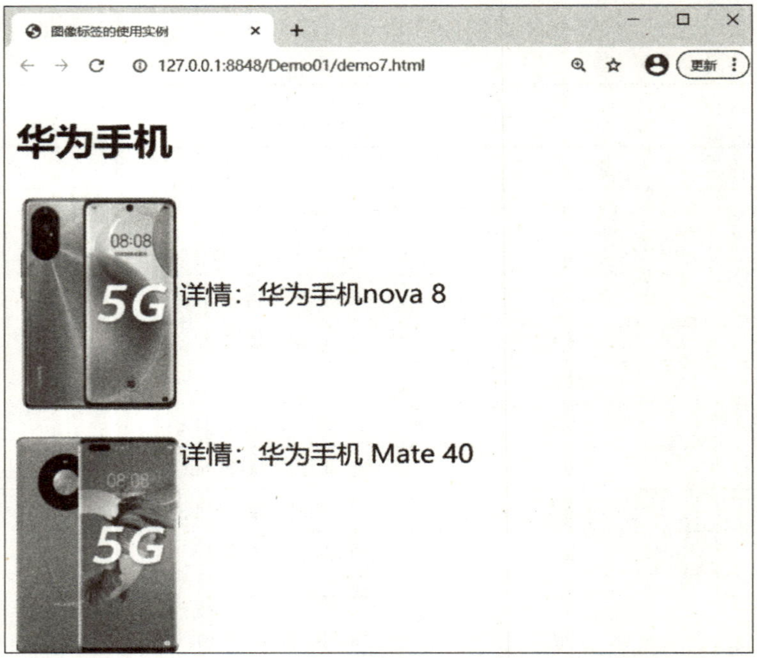

图 1-20　图像标签的用法 2

例 8 中是用了两个 <img> 标签，对第一个图像设置了居中对齐，对第二个图像设置了顶端对齐效果。

需要注意的是在实际应用中不建议图像标签 <img> 使用 border、vspace、hspace 及 align 属性，可用后面学习的 CSS 样式替代。

（3）超链接标签。

一个网站一般由多个页面构成，以社区网站为例，登录社区网站，首先进入的是社区主页面，见图 1-1，当单击主页面中的“注册”时，就会跳转到“社区注册”页面，见图 1-2，之所以浏览器会在这两个页面之间跳转是因为主页面中的“注册”两个字添加了超链接功能。

① 创建超链接。超链接标签是 <a></a>, 其基本语法格式为：

```
<a href=" 跳转目标页面 " target=" 目标页面窗口的弹出方式 "> 文本或图像 </a>
```

在上述的语法中，href 和 target 都是 <a> 标签的常用属性。

href 属性：用于指定链接目标的 url 地址，当为 <a> 标记应用 href 属性时，它就具有了超链接的功能，若为 <a href="#"> 表示该链接暂时为一个空链接。

target 属性：用于指定链接页面的打开方式，取值有 _self 和 _blank 等。target 属性默认的值是 _self，表示在原窗口中打开链接的目标页面，_blank 表示在新窗口中打开链接的目标页面。

通过例 9 演示超链接标签的使用方法，图 1-21 为运行后的效果图。

例 9 超链接标签的用法。

```
<!DOCTYPE html>
<html>
    <head>
        <meta charset="utf-8">
        <title> 超链接标签的使用实例 </title>
    </head>
    <body>
        <a href="https://www.huawei.com/cn/" target="_self"> 华为官网 </a>
        <a href="https://www.mi.com/" target="_blank"> 小米官网 </a>
    </body>
</html>
```

例 9 中，创建了两个超链接，通过 href 属性将它们的链接目标分别指定为“华为官网”和“小米官网”，运行效果如图 1-21 所示。同时，通过 target 属性定义第一个超链接页面是在原窗口中打开，运行效果如图 1-22 所示；第二个超链接页面是在新的窗口打开，运行效果如图 1-23 所示。

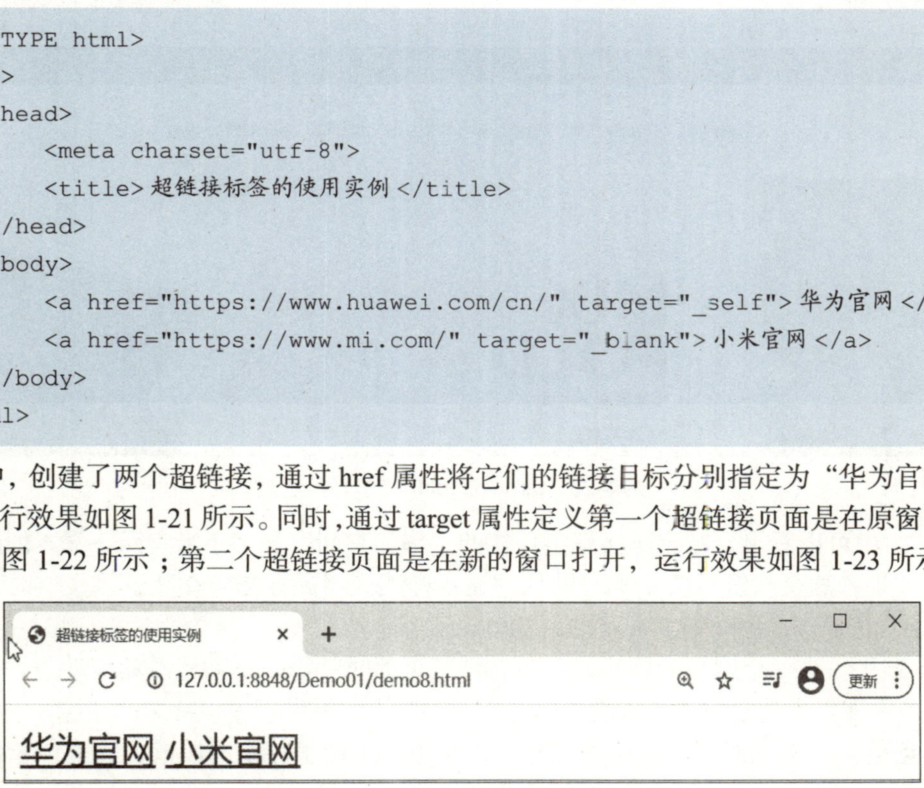

图 1-21　超链接标签的用法

图 1-22　target="_self" 属性用法

图 1-23　target="_blank" 属性用法

在图 1-21 中可以看出，被超链接标签环绕的“华为官网”和“小米官网”文本的颜色为蓝色且有下画线效果，这是超链接文本本身默认的显示样式。当鼠标悬停在超链接文本时，鼠标会变成  的形状，并且在页面的左下角显示相应的链接地址。

② 锚点链接。当一个网页的内容较多时，浏览页面时就需要不断地滑动滚动条，来查看所需的内容。为了更加精准地定位所要查看的内容，HTML 语言提供了一种特殊的链接——锚点链接。通过单击锚点链接，不仅能指向对应的文档，还能指向页面里特定的段落，这类似于我们阅读书籍时的目录页码。锚点链接创建的方法是：

第一步：创建锚点链接。其基本语法格式为：

```
<a href="#one"> 锚点链接 </a>
```

第二步：在 HTML 文档中对锚点内容进行相应的命名。其基本语法格式为：

```
<a name="one"> 锚点内容 </a>
```

视　频

使用锚点标签制作“不同品种花的介绍”页面

通过例 10 来演示锚点链接的使用方法，运行效果如图 1-24 所示。

例 10　锚点链接的用法。

```
<html>
    <head>
        <meta charset="utf-8">
        <title> 锚点标签的使用实例 </title>
    </head>
    <body>
        <h3> 不同品种花的介绍 </h3>
        <ul>
            <li><a href="#one"> 蔷薇 </a> </li>
            <li><a href="#two"> 荷花 </a> </li>
            <li><a href="#three"> 山茶花 </a> </li>
            <li><a href="#four"> 郁金香 </a> </li>
            <li><a href="#five"> 百合花 </a> </li>
        </ul>
        <h4><a name="one"> 蔷薇 </a></h5>
        <img src="img/one.jpg" width="300" height="200"  />
        <p>
            是蔷薇属部分植物的通称，主要指蔓藤蔷薇的变种及园艺品种。大多是一类藤状爬篱笆的
小花，是原产于中国的落叶灌木，变异性强。茎刺较大且一般有钩，每节大致有 3、4 个；叶互生，奇数羽
状复叶，小叶为 5-9 片，叶缘有齿，叶片平展但有柔毛。花常是 6-7 朵簇生，为圆锥状伞房花序，生于枝
条顶部，花径约 3 厘米，每年只开一次。蔷薇花花盘环绕萼筒口部，有白色、黄色等多种颜色。花谢后萼
片会脱落；果实为圆球体。
        </p>
        <h4><a name="two"> 荷花 </a></h5>
        <img src="img/two.jpg" width="300" height="200"  />
        ……
    </body>
</html>
```

例 10 中，首先使用“<a href="#one"> 蔷薇 </a>”创建链接文本，其中 href="#one" 用于指定链接目标的名称。运行后在浏览器单击相应的链接目标名称，即可跳转到目标位置。如单击图 1-24 开头目录中的“山茶花”时，页面会自动定位到相应的山茶花的内容介绍部分。

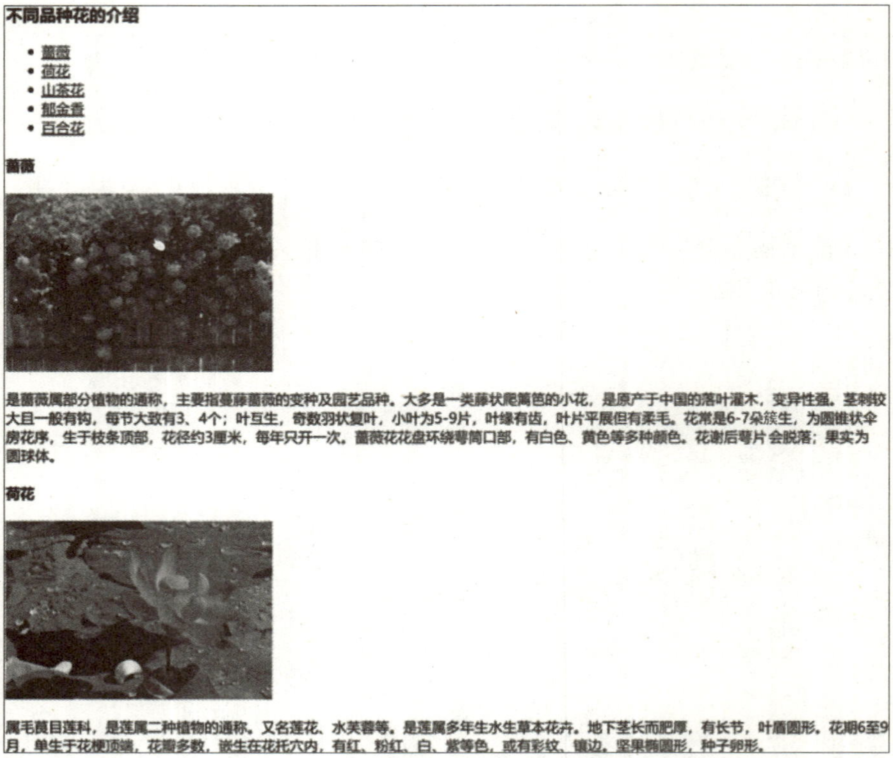

图 1-24　锚点链接的用法

（4）<div> 和 <span> 标签。

① <div> 标签。

<div></div> 标签表示一块可显示 HTML 的容器或区域，可把文档分割为独立的、不同的部分。该标签是一个块级元素，它里面的内容会自动地开始一个新行。<div> 标签在网页的排版布局中起到重要作用。其基本语法格式为：

```
<div align=" 对齐方式 " id=" 名称 " style= " 样式 " class=" 类名 ">…</div>
```

上述语法中其 align 的属性值可以为 left、center、right，id 用于定义 div 区域的名称，style 属性用于定义样式，class 用于定义 div 区域的类名，这些内容将会在后面章节中讲到。

② <span> 标签。

<span></span> 标签是行内标签，用来组合文档中的行内元素。一行内可以被 <span> 划分好几个区域，从而实现不同的效果。<span> 标签没有 align 属性，它主要用于一个段落、句子甚至是单词。其基本语法格式为：

```
<span id=" 名称 " style= " 样式 " class=" 类名 ">…</div>
```

1.3.3　列表标签的使用

在网页中，经常看到网页的信息排版整齐，如图 1-25 所示，网易新闻页面中每个类别新闻都运用了列表标签。为了满足网页排版的需求，HTML 中有三种常用的列表，分别是无序列表、有序列表和定义列表。

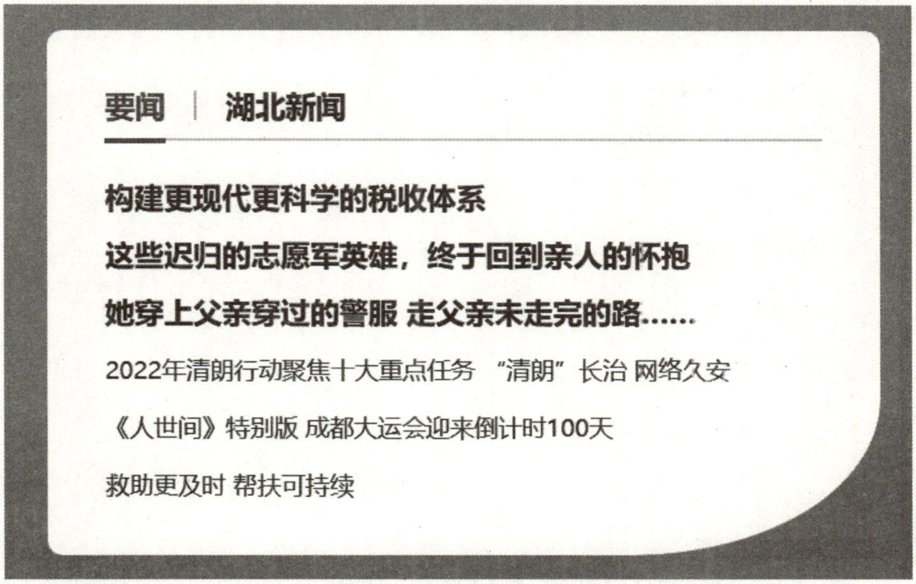

图 1-25　新闻页

1. 无序列表标签 <ul>

（1）无序列表标签的语法格式。

无序列表，顾名思义就是指各个列表项之间没有顺序级别之分，通常是并列的关系，无序列表的基本语法格式为：

```
<ul>
    <li>列表项 1</li>
    <li>列表项 2</li>
    …
    <li>列表项 n</li>
</ul>
```

在上述的语法中，ul 指的是 unordered list，用于定义无序列表，li 指的是 list item，用于描述具体的列表项，<li></li> 标签是嵌套在 <ul></ul> 标签中，每对 <ul></ul> 标签内至少有一对 <li></li> 标签。

（2）无序列表标签的 type 属性使用方法。

在 Word 中我们知道项目符号有的是实心圆“●”，有的是空心圆“○”，还有的是实心正方形“■”，样式各不相同，同理，在无序列表中也可以通过设置 ul 或者 li 的 type 属性值来定义无序列表项目符号的样式。当 type 的值是 disc 时，项目符号显示“●”，此值也是无序列表默认样式；当 type 的值是 circle 时，项目符号显示“○”；当 type 的值是“square”时，项目符号显示“■”。通过例 11 演示无序列表标签的使用方法。

例 11 无序列表标签的用法。

```
<!DOCTYPE html>
<html>
    <head>
        <meta charset="utf-8">
        <title>无序列表的使用方法</title>
    </head>
    <body>
        <p>湖北省</p>
        <ul type="square">                  <!-- 设置 ul 的 type 属性值为 square -->
            <li>武汉</li>
            <li>黄石</li>
            <li>襄阳</li>
            <li>宜昌</li>
        </ul>
        <p>广东省</p>
        <ul>
            <li type="circle">广州</li>   <!-- 设置 li 的 type 属性值为 circle -->
            <li type="square">深圳</li>   <!-- 设置 li 的 type 属性值为 square -->
            <li type="circle">东莞</li>
            <li type="square">惠州</li>
        </ul>
    </body>
</html>
```

上述代码运行效果如图 1-26 所示。

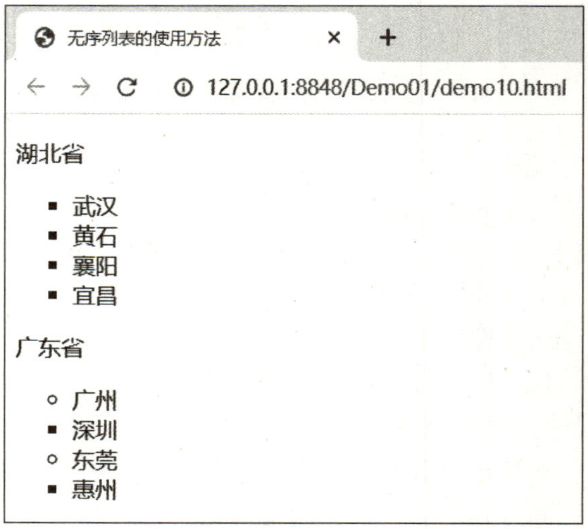

图 1-26 无序列表标签的用法

2. 有序列表标签 <ol>

（1）有序列表标签的语法格式。

有序列表，顾名思义就是指各个列表项之间按照一定的顺序级别排序，有序列表的基本语法格式为：

```
<ol>
    <li>列表项 1</li>
    <li>列表项 2</li>
    …
    <li>列表项 n</li>
</ol>
```

在上述的语法中，ol 指的是 ordered list，用于定义有序列表，li 指的是 list item，用于描述具体的列表项，每对 <ol></ol> 标签至少有一对 <li></li> 标签。

（2）有序列表标签的相关属性使用方法。

有序列表默认的项目符号是 1、2、3 …，可以通过设置 ol 或者 li 的 type 属性值，改变有序列表的项目符号。如果要改变项目符号的起始值，设置 ol 的 start 属性；如果要改变项目符号接下来的起始值，可以设置 li 的 value 属性。

① type 属性的取值：

当 type="1" 时，项目符号显示为数字 1、2、3 …。

当 type="a/A" 时，项目符号显示为数字 a、b、c …或 A、B、C …。

当 type="i/I" 时，项目符号显示为数字 i、ii、iii 或 I、II、III…。

② ol 标签的 start 属性：规定项目符号的起始值。

③ li 标签的 value 属性：规定当前项目符号接下来的起始值。

通过例 12 演示有序列表标签的使用方法。

例 12 有序列表标签的用法。

```
<!DOCTYPE html>
<html>
    <head>
        <meta charset="utf-8">
        <title>有序列表的使用方法</title>
    </head>
    <body>
        <p>水果</p>
        <ol type="a">
            <li>苹果</li>
            <li>香蕉</li>
            <li>橘子</li>
            <li>西瓜</li>
```

```
            </ol>
            <p>蔬菜</p>
            <ol start="2">
                <li type="i">白菜</li>
                <li>胡萝卜</li>
                <li value="10">香菜</li>
                <li>蒜苗</li>
            </ol>
        </body>
    </html>
```

上述代码运行效果如图 1-27 所示。

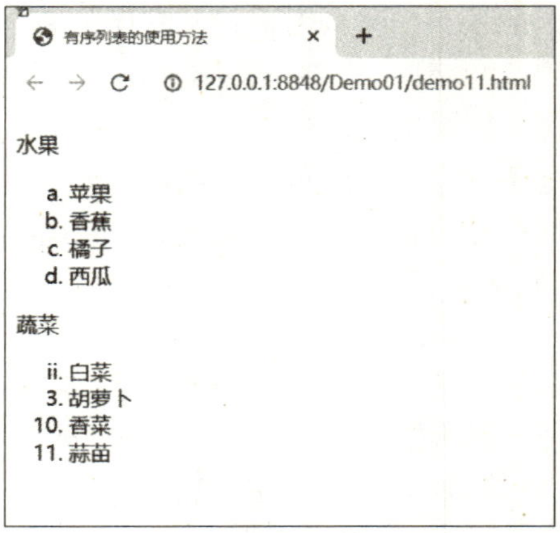

图 1-27　有序列表标签的用法

3. 定义列表标签 <dl>

定义列表，主要用于对术语或名词进行解释和描述，与无序列表和有序列表不同，定义列表的各项列表项前没有项目符号，其基本语法格式为：

```
<dl>
    <dt>名词 1</dt>
    <dd>名词 1 解释 1</dd>
    <dd>名词 1 解释 2</dd>
...
    <dt>名词 2</dt>
    <dd>名词 2 解释 1</dd>
    <dd>名词 2 解释 2</dd>
...
</dl>
```

在上述的语法中，dl 指 definition list，用于定义自定义列表。dt 指 definition term，用于自定义列表组。dd 指 definition description，用于自定义列表描述。<dt></dt> 标签和对 <dd></dd> 标签并

列嵌套于 <dl></dl> 中，一对 <dt></dt> 可以对应多对 <dd></dd>。

通过例 13 演示定义列表的使用方法。

例 13　定义列表标签的用法。

```
<html>
    <head>
        <meta charset="utf-8">
        <title> 定义列表的使用方法 </title>
    </head>
    <body>
        <dl>
            <dt> 姓名：</dt>
            <dd> 大名：张好 </dd>
            <dd> 小名：好好 </dd>
            <dt> 年龄：</dt>
            <dd>24 岁 </dd>
            <dt> 应聘岗位：</dt>
            <dd>Web 前端工程师 </dd>
        </dl>
    </body>
</html>
```

上述代码运行效果如图 1-28 所示。

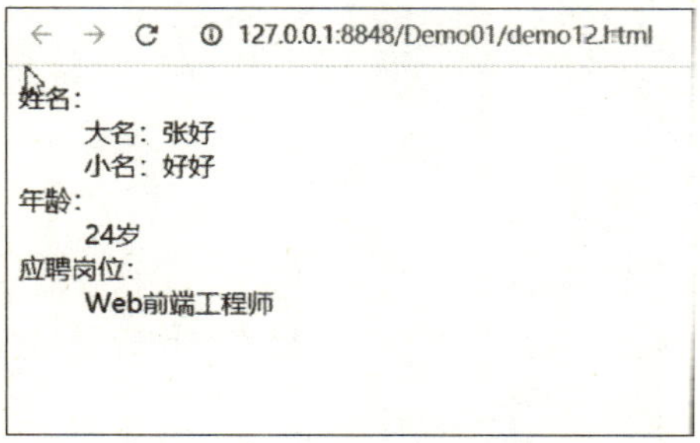

图 1-28　定义列表标签的用法

4. 列表嵌套

在实际应用中，网页中的列表项可能包含若干子列表项。在页面中清晰地表达列表项之间的层级结构，需要用到列表嵌套。

通过例 14 演示列表嵌套的使用方法。

例 14　列表标签的嵌套。

```
<html>
    <head>
        <meta charset="utf-8">
        <title> 列表嵌套的使用方法 </title>
```

```
    </head>
    <body>
        <ul>
            <li>学校概况
                <ol>
                    <li>学校简介</li>
                    <li>现任领导</li>
                    <li>校园风光</li>
                </ol>
            </li>
            <li>组织机构
                <ol>
                    <li>党政机构</li>
                    <li>教学机构</li>
                    <li>直属单位</li>
                </ol>
            </li>
            <li>师资队伍
                <ol>
                    <li>师资建设</li>
                    <li>人才引进</li>
                </ol>
            </li>
        </ul>
    </body>
</html>
```

上述代码运行效果如图 1-29 所示。

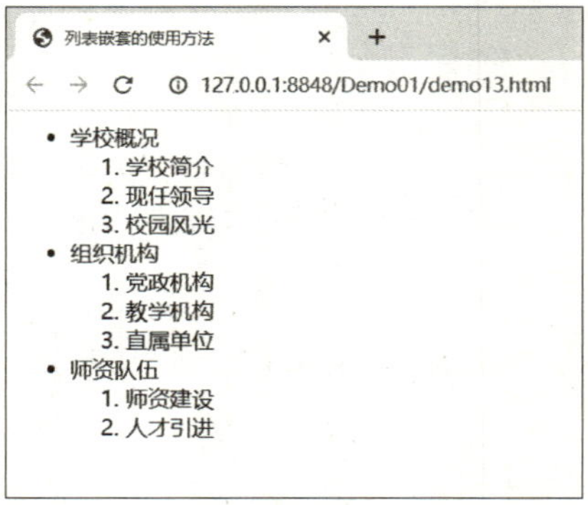

图 1-29　列表标签的嵌套

1.3.4　表格标签的基本用法

1. 创建表格

表格是一种可视化交流模式，当信息量大时，表格可作为一种组织整理数据的手段，通过表格，可以了解数据或信息，如学生管理系统中，页面需要显示某个班级所有学生的详细信息，包括姓名、学号、年龄等，使用表格就可以将学生个人信息完整展示出来，方便用户使用。创建表格的基本语法格式为：

```
<table>
    <tr>
        <td>单元格内的文字</td>
        <td>单元格内的文字</td>
        …
    </tr>
    <tr>
        <td>单元格内的文字</td>
        <td>单元格内的文字</td>
        …
    </tr>
</table>
```

在上述语法中，包含三对 HTML 标签，分别为 <table></table>、<tr></tr> 和 <td></td>。其中 <table></table> 标签用于定义一个表格；<tr></tr> 标签用于定义表格中的一行，若一个表格有多行，需要写入多对并列的 <tr></tr>，这些 <tr></tr> 必须嵌套在 <table></table> 之间；<td></td> 是用于定义表格中某一行的单元格，必须嵌套在 <tr></tr> 之间，一行中若有多个单元格，则需要在一对 <tr></tr> 之间写入多对 <td></td>。

通过例 15 演示创建表格的使用方法。

例 15　表格标签的用法。

```
<!DOCTYPE html>
<html>
    <head>
        <meta charset="utf-8">
        <title>创建表格的方法</title>
    </head>
    <body>
        <!-- 创建一个 4 行 3 列的表格 -->
        <table border="1">        <!-- border 属性设置表格边框为 1px -->
            <tr>
                <td>第 1 行第 1 列</td>
                <td>第 1 行第 2 列</td>
                <td>第 1 行第 3 列</td>
            </tr>
            <tr>
                <td>第 2 行第 1 列</td>
                <td>第 2 行第 2 列</td>
```

```
            <td> 第 2 行第 3 列 </td>
        </tr>
        <tr>
            <td> 第 3 行第 1 列 </td>
            <td> 第 3 行第 2 列 </td>
            <td> 第 3 行第 3 列 </td>
        </tr>
        <tr>
            <td> 第 4 行第 1 列 </td>
            <td> 第 4 行第 2 列 </td>
            <td> 第 4 行第 3 列 </td>
        </tr>
    </table>
  </body>
</html>
```

上述代码是指创建一个 4 行 3 列的表格，运行效果如图 1-30 所示。

第1行第1列	第1行第2列	第1行第3列
第2行第1列	第2行第2列	第2行第3列
第3行第1列	第3行第2列	第3行第3列
第4行第1列	第4行第2列	第4行第3列

图 1-30　表格标签的用法

若创建的表格中需要加上表头，比如学生成绩表中需要加上姓名、学号、年龄，只需要将表格中的第一对 <tr></tr> 中的 <td></td> 换成 <th></th> 即可，此时第一行中单元格中的文本会自动加粗。

2. 设置表格属性

（1）<table> 标签属性用于控制表格的整体显示样式，见表 1-5。

表 1-5　<table> 标签属性

属　性	属 性 值	描　述
border	默认为 0	用于设置表格的边框
cellspacing	默认为 2px	用于设置单元格与单元格边框之间的空白间距
cellpadding	默认为 2px	用于设置单元格内容与单元格边框之间的空白间距
width	像素值	用于设置表格的宽度
height	像素值	用于设置表格的高度
align	left/center/right	用于定义元素的水平对齐方式
bgcolor	颜色名称、十六进制 #RGB、rgb(r,g,b)	用于设置表格的背景颜色
background	url 地址	用于设置表格的背景图像

（2）<tr> 行标签属性用于定义表格的某一行的显示效果，见表 1-6。

表 1-6　<tr> 行标签属性

属　性	属 性 值	描　述
height	像素值	设置行高度
align	left/center/right	用于设置一行内容的水平对齐方式
valign	Top/middle/bottom	用于设置一行内容的垂直对齐方式
bgcolor	颜色名称、十六进制 #RGB、rgb(r,g,b)	用于设置行背景颜色
background	url 地址	用于设置行背景图像

通过例 16 演示设置表格属性的方法。

例 16　设置表格属性。

```
<!DOCTYPE html>
<html>
    <head>
        <meta charset="utf-8">
        <title> 设置表格属性 </title>
    </head>
    <body>
        <!-- 创建一个 4 行 3 列的表格 -->
        <table border="1" width="500px" height="250px">     <!-- border 属性设置
表格边框为 1px -->
            <tr bgcolor="red" align="center" valign="top">
                <td> 第 1 行第 1 列 </td>
                <td> 第 1 行第 2 列 </td>
                <td> 第 1 行第 3 列 </td>
            </tr>
            <tr>
                <td> 第 2 行第 1 列 </td>
                <td> 第 2 行第 2 列 </td>
                <td> 第 2 行第 3 列 </td>
            </tr>
            <tr>
                <td> 第 3 行第 1 列 </td>
                <td> 第 3 行第 2 列 </td>
                <td> 第 3 行第 3 列 </td>
            </tr>
            <tr>
                <td> 第 4 行第 1 列 </td>
                <td> 第 4 行第 2 列 </td>
                <td> 第 4 行第 3 列 </td>
```

```
            </tr>
        </table>
    </body>
</html>
```

上述代码运行效果如图 1-31 所示。

第1行第1列	第1行第2列	第1行第3列
第2行第1列	第2行第2列	第2行第3列
第3行第1列	第3行第2列	第3行第3列
第4行第1列	第4行第2列	第4行第3列

图 1-31 设置表格属性

（3）<td> 列标签属性用于定义单元格的显示效果，见表 1-7。

表 1-7 <td> 列标签属性

属　性	属 性 值	描　述
width	像素值	设置单元格的宽度
height	像素值	设置单元格的高度
align	left/center/right	用于设置单元格内容的水平对齐方式
valign	top/middle/bottom	用于设置单元格内容的垂直对齐方式
bgcolor	颜色名称、十六进制 #RGB、rgb(r,g,b)	用于设置单元格的背景颜色
background	url 地址	用于设置单元格的背景图像
colspan	正整数	用于设置单元格横跨的列数
rowspan	正整数	用于设置单元格横跨的行数

通过例 17 演示表格中合并竖直方向单元格的方法。

例 17 合并竖直单元格。

```
<!DOCTYPE html>
<html>
    <head>
        <meta charset="utf-8">
        <title>合并竖直方向的单元格</title>
    </head>
    <body>
```

```
        <!-- 创建一个 4 行 3 列的表格 -->
        <table border="1" width="500px" height="250px">  <!-- border 属性设置表
    格边框为 1px -->
            <tr bgcolor="red" align="center" valign="top">
                <td> 第 1 行第 1 列 </td>
                <td> 第 1 行第 2 列 </td>
                <td> 第 1 行第 3 列 </td>
            </tr>
            <tr>
                <td rowspan="3"> 合并 3 行的单元格 </td>
                <td> 第 2 行第 2 列 </td>
                <td> 第 2 行第 3 列 </td>
            </tr>
            <tr>
                <td> 第 3 行第 2 列 </td>
                <td> 第 3 行第 3 列 </td>
            </tr>
            <tr>
                <td> 第 4 行第 2 列 </td>
                <td> 第 4 行第 3 列 </td>
            </tr>
        </table>
    </body>
</html>
```

上述代码中，因为要合并第 2 行第 1 列、第 3 行第 1 列、第 4 行第 1 列，所以需要将第 2 行第 1 列的单元格的 rowspan 属性值设置为 3，同时将第 3 行和第 4 行第 1 列的单元格删除，运行效果如图 1-32 所示。

第1行第1列	第1行第2列	第1行第3列
合并3行的单元格	第2行第2列	第2行第3列
	第3行第2列	第3行第3列
	第4行第2列	第4行第3列

图 1-32　合并竖直单元格

通过例 18 演示表格中合并水平方向单元格的方法。

例 18 合并水平单元格。

```
<!DOCTYPE html>
<html>
    <head>
        <meta charset="utf-8">
        <title>合并水平方向的单元格 </title>
    </head>
    <body>
        <!-- 创建一个 4 行 3 列的表格 -->
        <table border="1" width="500px" height="250px">        <!-- border 属性
设置表格边框为 1px -->
            <tr bgcolor="red" align="center" valign="top">
                <td>第 1 行第 1 列 </td>
                <td>第 1 行第 2 列 </td>
                <td>第 1 行第 3 列 </td>
            </tr>
            <tr>
                <td rowspan="3">竖直跨 3 行的单元格，跨第 2-4 行 </td>    <!-- rowspan
设置单元格竖跨 3 行 -->
                <td>第 2 行第 2 列 </td>
                <td>第 2 行第 3 列 </td>
            </tr>
            <tr>
                <td colspan="2">合并第 3 行的第 2 列和第 3 列 </td>
                                                                    <!-- 删除表示
第 3 行第 3 列的代码 -->
            </tr>
            <tr>
                <td>第 4 行第 2 列 </td>
                <td>第 4 行第 3 列 </td>
            </tr>
        </table>
    </body>
</html>
```

上述代码中，因为要合并第 3 行第 2 列和第 3 行第 3 列，所以需要将第 3 行第 2 列的单元格的 colspan 属性值设置为 2，并且删除表示第 3 行第 3 列的 <td> 代码，才能合并第 2 至第 3 列。运行效果如图 1-33 所示。

<table>
<tr><th>第1行第1列</th><th>第1行第2列</th><th>第1行第3列</th></tr>
<tr><td rowspan="3">竖直跨3行的单元格，跨第2-4行</td><td>第2行第2列</td><td>第2行第3列</td></tr>
<tr><td colspan="2">合并第3行的第2列和第3列</td></tr>
<tr><td>第4行第2列</td><td>第4行第3列</td></tr>
</table>

图 1-33 合并水平单元格

3. 表格的结构

在使用表格对网页进行布局时，为了让搜索引擎更好地理解网页内容，可将表格划分为若干部分，分别是表格标题、头部、主体、页脚等模块。不同模块使用不同的标签来表示。

（1）<caption>：用于定义表格标题，是双标签，必须紧随 <table> 标签之后，一个表格只能有一对 <caption></caption>，<caption></caption> 中的标题在浏览器中会居中显示。

（2）<thead>：用于定义表格的头部，必须位于 <table></table> 内，<thead></thead> 中一般存放网页的 logo 和导航栏等头部信息。

（3）<tbody>：用于定义表格的主体部分，位于 <thead></thead> 之后，<tbody></tbody> 中一般存放除网页头部和尾部之外的其他内容。

（4）<tfoot>：用于定义表格的页脚，位于 <tbody></tbody> 之后，<tfoot></tfoot> 中一般存放网页的页脚内容。

1.3.5 表格标签的进阶用法

1. 分析网页结构

利用表格制作“欢乐购”商品详情页面，如图 1-34 所示。分析页面结构，该页面可以分为三部分，头部是 logo 和搜索框，中间内容部分是用表格呈现的商品详细信息，底部是网站版权等信息。

视 频

使用表格制作“欢乐购”的商品详情页

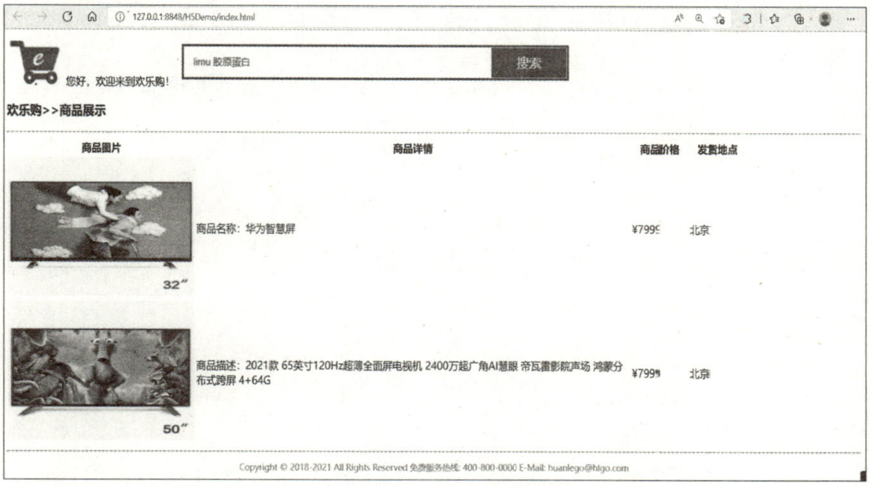

图 1-34 “欢乐购”商品详情页

2. 创建表格并添加内容

根据欢乐购商品详情页的页面结构，详情页的基本框架代码如下：

```
<!DOCTYPE html>
<html>
    <head>
        <meta charset="utf-8" />
        <title>欢迎来到欢乐购! </title>
    </head>

    <body>
        <img src="img/t-1.png" />您好，欢迎来到欢乐购!
        <img src="img/t-2.png" />
        <h3>欢乐购 >> 商品展示 </h3>
        <hr/>
        <table style="border:none;">
            <tr>
                <th>商品图片 </th>
                <th width="700px">商品详情 </th>
                <th width="90px">商品价格 </th>
                <th width="90px">发货地点 </th>
            </tr>
            <!-- 电视 -->
            <tr>
                <td><img src="img/t_9.jpg" style="width:300px;height:
200px;"/> </td>
                <td>商品名称：华为智慧屏 </td>
                <td>¥7999</td>
                <td>北京 </td>
            </tr>
            <tr>
                <td><img src="./img/t_11.jpg" style="width:300px;height:
200px;"/></td>
                <td>商品描述：2021 款 65 英寸 120Hz 超薄全面屏电视机 2400 万超广角 AI 慧
眼 帝瓦雷影院声场 鸿蒙分布式跨屏 4+64G</td>
                <td>¥7999</td>
                <td>北京 </td>
            </tr>
            </tbody>
        </table>
        <hr/>
        <p style="color:#999999;font-size: small;text-align: center;">
            Copyright &copy; 2018-2021 All Rights Reserved 免费服务热线：400-
800-0000 E-Mail: huanlego@hlgo.com</p>
    </body>
</html>
```

3. 合并与拆分单元格

根据图 1-34 可知，需要增加商品参数和商品描述的信息。这里就需要将单元格进行拆分和合并。现在将第一个商品增加信息修改后的代码如下所示：

```
<!DOCTYPE html>
<html>
    <head>
        <meta charset="utf-8" />
        <title>欢迎来到欢乐购！ </title>
    </head>
    <style type="text/css">
        tr td,th{

        border:1px solid blue;

        }
        .mt{

         border-collapse:collapse;

        }
    </style>
    <body>
        <img src="img/t-1.png" />您好，欢迎来到欢乐购!
        <img src="img/t-2.png" />
        <h3>欢乐购>>商品展示</h3>
        <hr />
        <table class="mt">
            <tr>
                <th>商品图片</th>
                <th width="700px">商品详情</th>
                <th width="90px">商品价格</th>
                <th width="90px">发货地点</th>
            </tr>
            <!-- 电视 -->
            <tr>
                <td rowspan="3"><img src="img/1.png" /> </td>
                <td>商品名称：华为智慧屏 V65</td>
                <td rowspan="3">¥7999</td>
                <td rowspan="3">北京</td>
            </tr>
            <tr>
                <td>商品描述：2021款 65英寸120Hz超薄全面屏电视机 2400万超广角AI慧
眼 帝瓦雷影院声场 鸿蒙分布式跨屏 4+64G</td>
            </tr>
```

```
            <tr>
                <td>商品参数：
                    <ul>
                        <li>分辨率：超高清 4K（3840×2160 像素）</li>
                        <li>屏幕尺寸：65 英寸 </li>
                        <li>机身内存（ROM）： 64GB</li>
                    </ul>
                </td>
            </tr>
            <tr>
                <td><img src="img/2.png" style="width:300px;height: 200px;" />
</td>
                <td>商品描述：2021 款 65 英寸 120Hz 超薄全面屏电视机 2400 万超广角 AI 慧
眼 帝瓦雷影院声场 鸿蒙分布式跨屏 4+64G</td>
                <td>¥7999</td>
                <td>北京 </td>
            </tr>
            </tbody>
        </table>
        <hr />
        <p style="color:#999999;font-size: small;text-align: center;">
            Copyright &copy; 2018-2021 All Rights Reserved 免费服务热线：400-
800-0000 E-Mail: huanlego@hlgo.com</p>
    </body>
</html>
```

上述代码运行效果如图 1-35 所示。

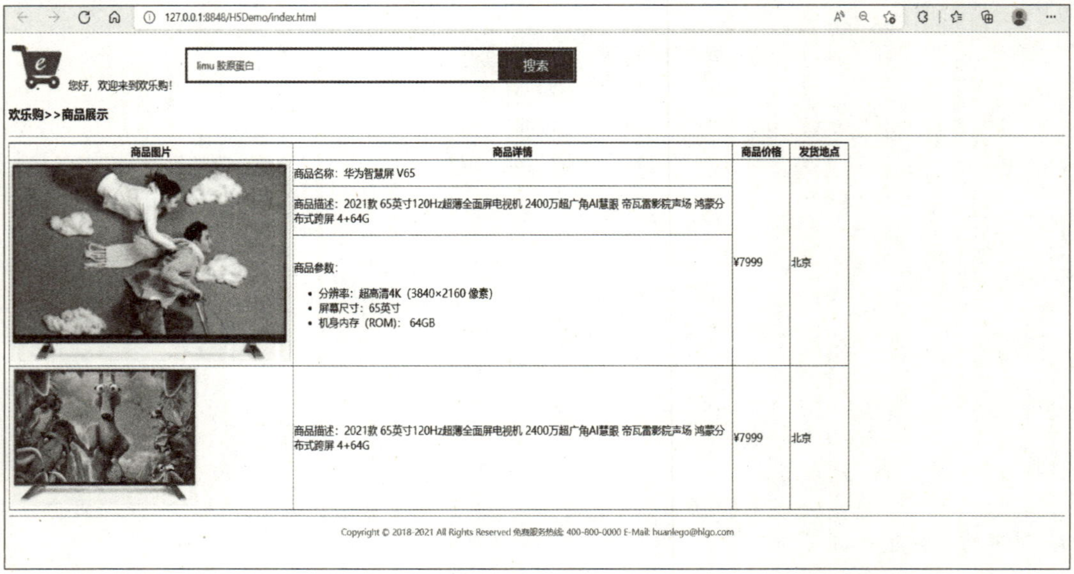

图 1-35 运行效果图

4. 设置表格属性

（1）设置表格中图片的 width、height 属性值。

（2）设置表格 <table> 标签的 cellpadding、cellspacing、align 属性值。

（3）设置表格 <tr>、<th>、<td>、<hr/> 标签的 bgcolor、width、height、align 等属性值。

修改后的代码如下所示：

```
<!DOCTYPE html>
<html>
    <head>
        <meta charset="utf-8" />
        <title>欢迎来到欢乐购！ </title>
    </head>
    <style type="text/css">
        tr td,th{

        border:1px solid blue;

        }
        .mt{

         border-collapse:collapse;

        }
    </style>
    <body>
        <img src="img/t-1.png" />您好，欢迎来到欢乐购！
        <img src="img/t-2.png" />
        <h3>欢乐购 >> 商品展示 </h3>
        <hr />
        <table class="mt" cellpadding="0" cellspacing="0" align="center">
            <tr bgcolor="#B1191A" height="30px" style="color: white;">
                <th>商品图片 </th>
                <th width="700px">商品详情 </th>
                <th width="90px">商品价格 </th>
                <th width="90px">发货地点 </th>
            </tr>
            <!-- 电视 -->
            <tr>
                <td rowspan="3"><img src="img/1.png" width="350px",height=
"200px" /> </td>
                <td>商品名称：华为智慧屏 V65</td>
                <td rowspan="3" style="color:red;" >¥7999</td>
                <td rowspan="3">北京 </td>
            </tr>
            <tr>
```

```
                <td>商品描述：2021款 65英寸120Hz超薄全面屏电视机 2400万超广角AI慧眼 帝瓦雷影院声场 鸿蒙分布式跨屏 4+64G</td>
            </tr>

            <tr>
                <td>商品参数：
                    <ul>
                        <li>分辨率：超高清4K（3840×2160 像素）</li>
                        <li>屏幕尺寸：65英寸</li>
                        <li>机身内存（ROM）： 64GB</li>
                    </ul>
                </td>
            </tr>
            <tr>
                <td><img src="img/2.png" width="350px",height="200px" /></td>
                <td>商品描述：2021款 65英寸120Hz超薄全面屏电视机 2400万超广角AI慧眼 帝瓦雷影院声场 鸿蒙分布式跨屏 4+64G</td>
                <td>¥7999</td>
                <td>北京</td>
            </tr>
            </tbody>
        </table>
        <hr />
        <p style="color:#999999;font-size: small;text-align: center;">
            Copyright &copy; 2018-2021 All Rights Reserved 免费服务热线：400-800-0000 E-Mail: huanlego@hlgo.com</p>
    </body>
</html>
```

上述代码运行效果如图1-36所示。

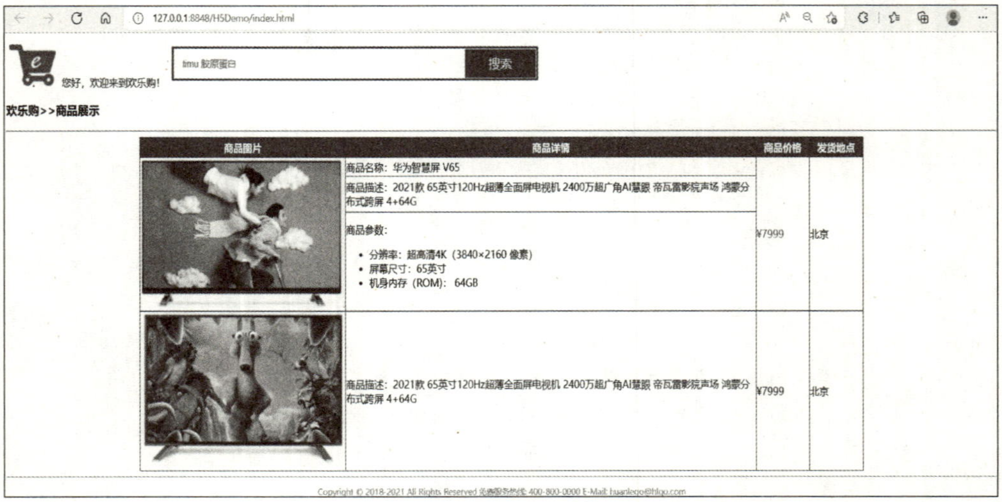

图1-36　最终效果图

1.3.6　表单标签的使用

视 频

认识表单

1. 认识表单

表单是网站中常见的元素，主要用于实现用户和后台服务器的数据交互。表单在网站中应用非常广泛，比如信息检索、用户注册和登录、调查问卷、网上购物等各个领域，如图 1-37、图 1-38 所示。表单常常和动态网页开发技术结合，实现前台页面和后台服务器之间的交互，进而实现信息更新和信息展示。

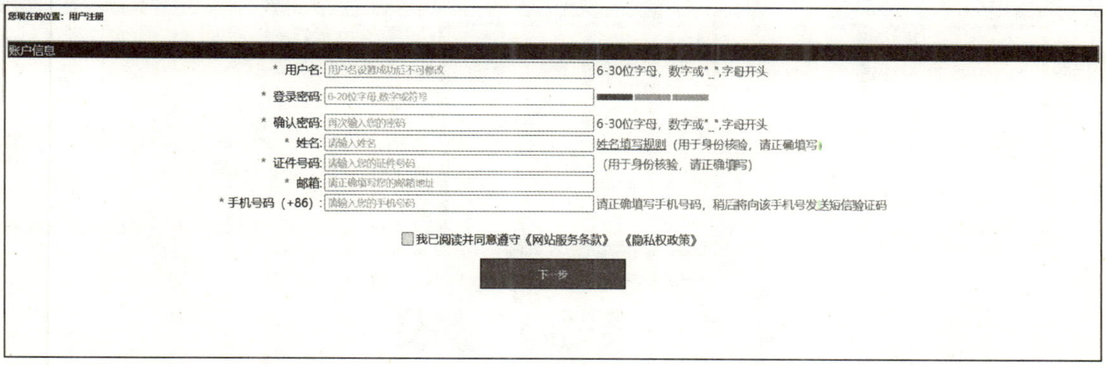

图 1-37　用户注册

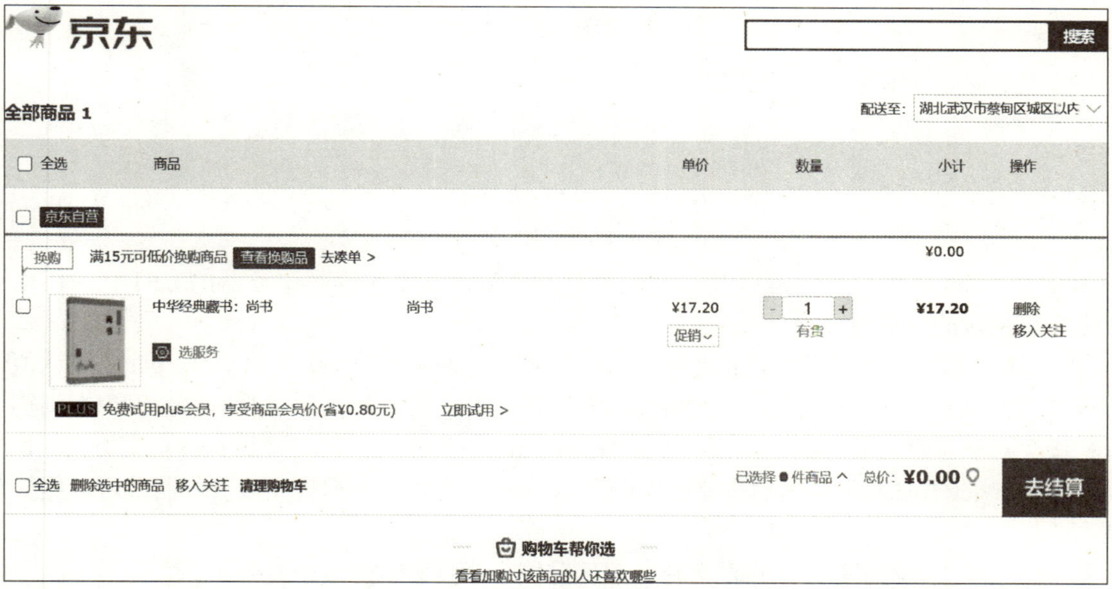

图 1-38　京东购物车

表单信息处理过程中，一般先单击表单的提交按钮，用户提交的表单数据会提交到后台服务器中，服务器有关应用程序会处理该请求，处理的结果根据具体请求，要么将用户提交的数据存储在服务器的数据库中，要么将服务器响应结果返回到客户端浏览器中显示出来。完整的实现表单功能，需要涉及多门前端开发课程。本门课程只需要掌握表单的制作。

（1）表单的构成。

一个完整的表单通常是由表单元素、提示信息和表单域三部分构成，如图 1-39 所示。

- 表单元素：又称为表单控件。包含具体的表单功能项，如单行文本输入框、密码输入框、复选框等。
- 提示信息：表单中的一些说明性文字，提示用户进行填写和操作。
- 表单域：相当于一个容器，用来容纳所有的表单元素和提示信息。

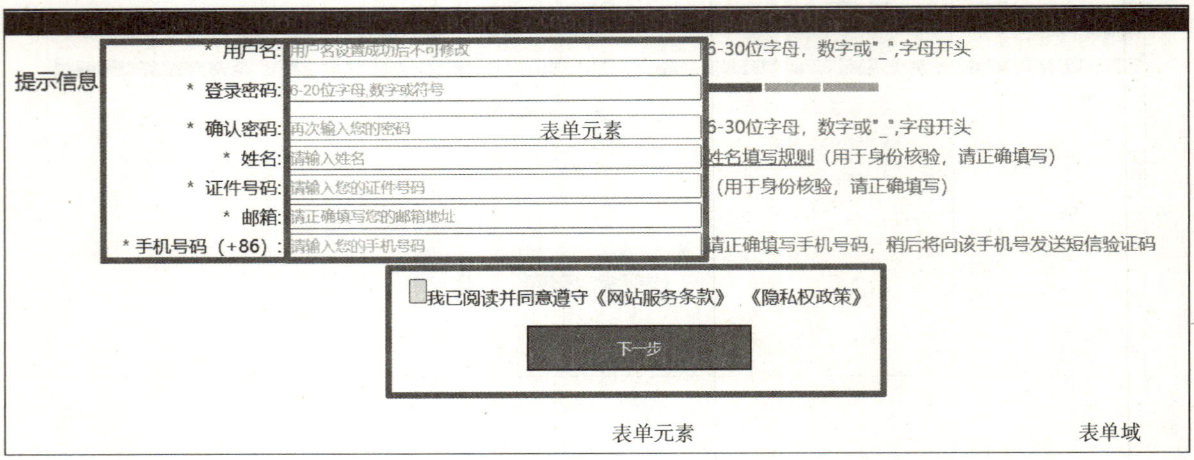

图 1-39　注册页面

（2）创建表单的语法，其格式如下：

```
<form  action="" method ="" name="" enctype="" target = "">
        //各种表单元素
</form>
```

其中，action 属性用于设置接收和处理浏览器提交的表单内容到服务器的 URL，通俗来讲，表单提交后跳转的目的地。

① method 属性：用于设置表单数据的提交方式，有两种取值 get 或者 post。get 是默认值，两种方式的主要区别在于：a 安全性。使用 get 方式提交表单数据时，提交的信息会出现在浏览器的地址栏中。对安全性有要求的情况下，不建议使用 get 提交方式，而应该是 post 提交方式。b 提交数据的长度。get 方式对提交的数据有长度限制，而 post 方式对数据长度没有限制，可以提交大量的数据。

② name 属性：用于指定表单的名称，以区分同一个页面中的多个表单。

③ enctype 属性：用于设置表单的 mine 编码，即发送表单到服务器的媒体类型，它只在数据提交方式为 post 时才有效。如果创建的文件上传，则应该是 multipart/form-data。

④ target 属性：用于设置表单提交到目的地的打开方式。

2. 制作京东登录表单

（1）仔细查看如图 1-40 所示的京东登录表单，分析京东登录表单结构。

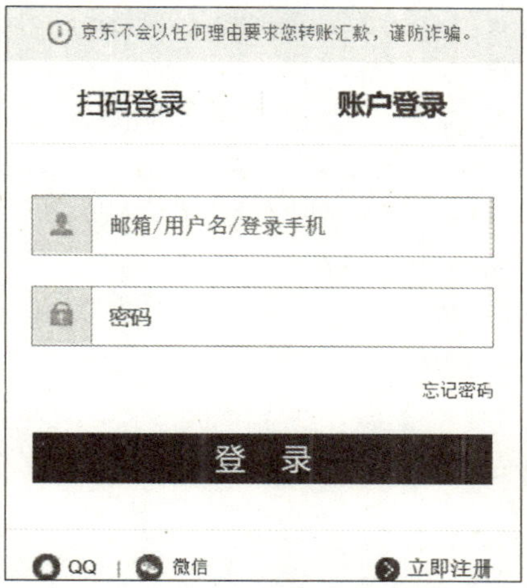

图 1-40　单行文本框用法

从上到下，依次是：页眉、表单和页脚，如图 1-41 所示。

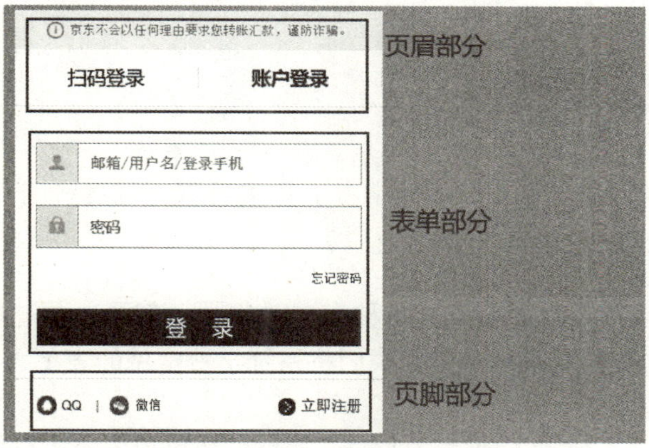

图 1-41　京东登录页面构成

（2）制作页眉部分，代码如下：

```
<div>
   <p> 京东不会以任何理由要求您转账，谨防诈骗。</p>
          <div><a href="#"> 扫码登录 </a> | <a href="#"> 账户登录 </a>
   </div>
</div>
```

（3）制作表单部分，代码如下：

```
<div >
   <form action="#" method="post">
    <input type="text" value=" 邮箱 / 用户名 / 登录手机 "/><br>
    <input type="password" value=" 密码 "/><br>
```

```
        <p style="text-align: right;font-size: 10px;">
            <a href="#">忘记密码? </a>
        </p>
        <input type="submit" value="立即登录"
        style="width: 400px; font-weight: bold;
        font-size: 20px; color: white;
        text-align: center; background-color: red;"/>
    </form>
</div>
```

（4）制作页脚部分，代码如下：

```
<div>
    <img src="img/qq.png" style="width: 20px; height: 20px;"/>QQ
       |   <img src="img/wx.png" style="width:
20px; height: 20px;"/>微信
    <span>
    <img src="img/arrow1.png" style="width: 20px; height: 20px;" />立即注册
  </span>
</div>
```

备注：以上代码涉及简单的样式，后面学习了 CSS 样式，还需要进一步完善。

1.3.7 常见表单元素的使用

表单域定义好后，就可以为表单添加各种表单对象了。前面，通过制作京东用户登录表单，我们已经初步了解简单的表单元素。下面，我们将系统学习常见的表单元素。

1. 输入元素

input 元素用于用户输入信息，通过修改 type 属性的值可以定义不同类型的输入元素，如文本框、密码框等。

文本框是很常见的表单输入元素，通过它，用户可以输入信息，实现人机互动。文本框可分为三种：单行文本框、多行文本框和密码框。

（1）单行文本框：在表单中创建单行文本输入，如用户名等。

```
<center>
    <form action="#" method="get">
        <table border="0" cellspacing="5" cellpadding="10" bgcolor="darksea
green" height="200" width="300">
          <tr bgcolor="goldenrod">
               <th colspan="2">账号登录</th></tr>
          <tr><td>账号：</td><td><input type="text" name="" id="" value=""/>
</td></tr>
          <tr><td>邮箱：</td><td><input type="text" name="" id="" value=""
maxlength="6" /></td></tr>
```

```
        </table>
    </form>
</center>
```

上述代码运行效果如图 1-42 所示。

图 1-42　单行文本框用法

（2）多行文本框，实现多行文本框需要使用 <textarea> 标签，用法如下：

```
<center>
   <form action="#" method="get">
      <table border="0" cellspacing="5" cellpadding="10" bgcolor="darksea
green" height="200" width="300">
        <tr bgcolor="goldenrod"><th colspan="2">账号登录</th></tr>
        <tr><td>账号：</td><td><input type="text" name="" id="" value="" />
</td></tr>
        <tr><td>邮箱：</td><td><input type="text" name="" id="" value=""
maxlength="6" /></td></tr>
        <tr><td>备注：<td><textarea cols="50" rows="5"></textarea></td></td>
</tr>
      </table>
    </form>
</center>
```

上述代码运行效果如图 1-43 所示。

图 1-43　多行文本框用法

<textarea> 标签主要具有 cols 和 rows 两个属性，cols 用于设置文本框的列数，rows 用于设置文本框的行数，这里以字符为单位。

（3）密码框用于在表单中设置密码输入框，具体用法是：

```
<center>
   <form action="#" method="get">
      <table border="0" cellspacing="5" cellpadding="10" bgcolor="darksea
green" height="200" width="300">
         <tr bgcolor="goldenrod"><th colspan="2">账号登录</th></tr>
         <tr><td>账号：</td><td><input type="text" name="" id="" value="" />
</td></tr>
         <tr><td>密码：</td><td><input type="password" name="" id="" value=""
maxlength="6" /></td></tr>
         <tr><td>备注 :<td><textarea cols="50" rows="5"></textarea></td>
</td></tr>
      </table>
    </form>
</center>
```

上述代码运行效果如图 1-44 所示。

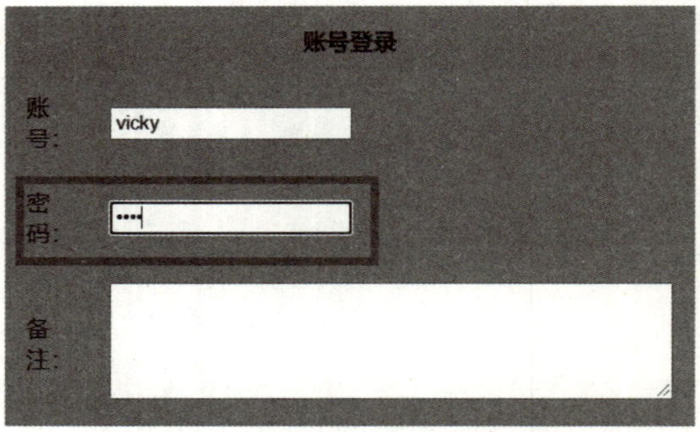

图 1-44　密码框用法

2. 按钮

在表单里，有三种按钮：提交按钮、普通按钮、重置按钮。它们的作用各不相同，提交按钮将用户输入的信息提交到服务器；普通按钮主要是响应事件；重置按钮用来清除表单中用户已经填写的内容。

提交按钮有两种形式：

```
<input type="submit" value="提交按钮"/>
<input type="image" src="img/alibtn.PNG"  value="提交按钮"/>
```

普通按钮：

```
<input type="button" value="普通按钮"/>
```

重置按钮：

```
<input type="reset" value=" 重置按钮 "/>
```

视 频

表单元素-按钮

上述代码运行效果如图 1-45 所示。

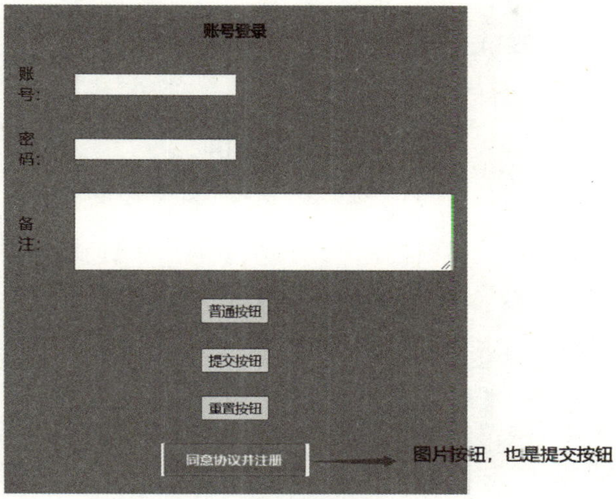

图 1-45 按钮用法

后面大家学习了 JavaScript 后，会更加深入体会到这几种按钮的用法。

视 频

表单元素-单选按钮和复选框

3. 单选按钮

一组单选按钮中只允许一个选项被选中，应用非常广泛。实现单选按钮，需要设置 input 标签的 type 属性为 "radio"，具体用法是：

```
<form action="#" method="get">
  <p> 用户名：<input type="text" name="username"
  size="10" value="vicky"  maxlength="5"/></p>
  <p> 密     码：<input type="password"
    name="userpwd"  size ="10"/>
  <span><font size="1" color="#cccccc"> 密码只能由六位数字构成 </font></span> </p>
 <p> 性     别：
男 <input type="radio" name="gender" value="male"
   checked=" checked" />
女 <input type="radio" name="gender" value="female"/></p>
……
</form>
```

上述代码运行效果如图 1-46 所示。

这里需要特别说明：单选按钮组中每一个 input 标签的 name 属性必须设置相同，才能实现单选。单选按钮中的 checked="checked", 表示默认选中；value 属性表示这个选项的值，后期学习中会用到。

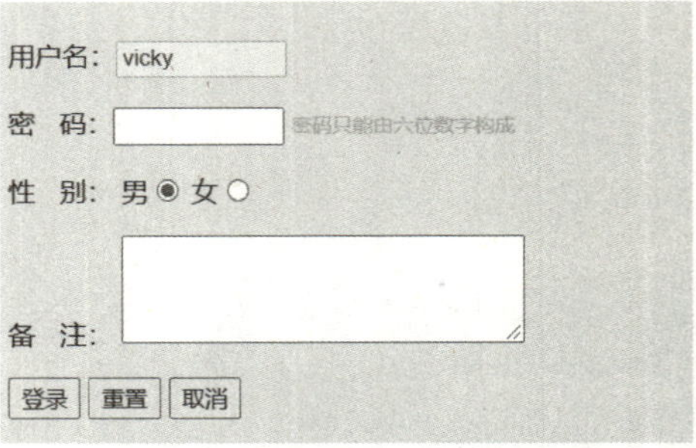

图 1-46　单选按钮用法

4. 复选框

复选框便于用户从一个列表项目中选择一个选项或者多个选项，如提交个人爱好。实现多选按钮，需要设置 input 标签的 type 属性为 "checkbox"，具体用法是：

```
<form action="#" method="get">
  <p>用户名：<input type="text" name="username"
  size="10" value="vicky"  maxlength="5"/></p>
  <p>密   码：<input type="password"
    name="userpwd"  size = "10"/>
  <span><font size="1" color="#cccccc">密码只能由六位数字构成</font></span> </p>
 <p>性   别：
男<input type="radio" name="gender" value="male"
   checked="checked"/>
女<input type="radio" name="gender" value="female"/></p>
<p>爱   好：
 <input type="checkbox" name="hobby" value="tour"/>旅游
 <input type="checkbox" name="hobby" value="climb"/>爬山
 <input type="checkbox" name="hobby" value="film"/>电影
 <input type="checkbox" name="hobby" value="food"/>美食
</p>
  ……
</form>
```

上述代码运行效果如图 1-47 所示。

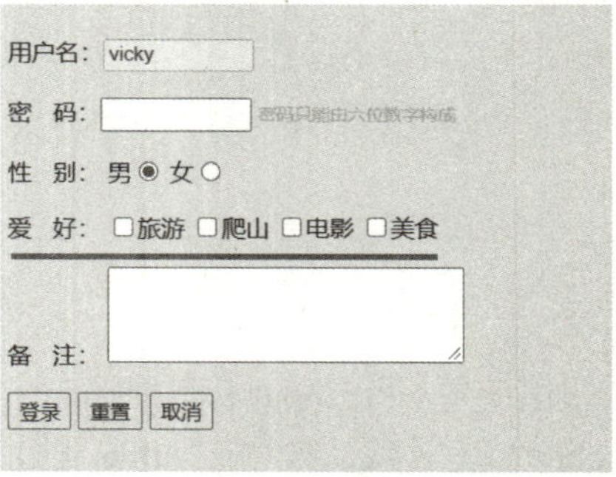

图 1-47　复选框用法

这里需要特别说明：多选按钮组中每一个 input 标签的 name 属性需要设置相同，表示它们是属于同一组。

5. 下拉列表

下拉列表便于用户快速、准确地选择一些选项，通过 <select> 和 <option> 标签元素来实现，其中 <select> 标签创建可供选择的下拉列表，<option> 标签创建列表的选项。具体用法是：

```
<form action="#" method="get">
  <p>用户名：<input type="text" name="username"
  size="10" value="vicky"  maxlength="5"/></p>
  <p>密    码：<input type="password"
    name="userpwd"  size = "10"/>
  <span><font size="1" color="#cccccc">密码只能由六位数字构成</font></span> </p>
 <p>性    别：
男 <input type="radio" name="gender" value="male"
   checked="checked"/>
女 <input type="radio" name="gender" value="female"/></p>
   ……
<p>籍    贯：
 <select name="province">
    <option value="">请选择：</option>
    <option value="hubei">湖北省 </option>
    <option value="hebei">河北省 </option>
    <option value="hunan">湖南省 </option>
    <option value="henan">河南省 </option>
    <option value="jilin">吉林省 </option>
</select></p>
……
</form>
```

上述代码运行效果如图 1-48 所示。

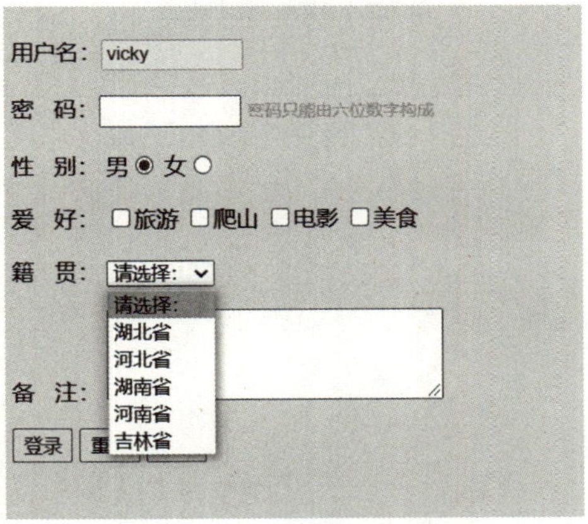

图 1-48　下拉列表框用法

特别提出的是：<option> 标签的 selected 属性用于设置列表项的默认选中。

6. 综合应用

下面制作用户注册网页，如图 1-49 所示。

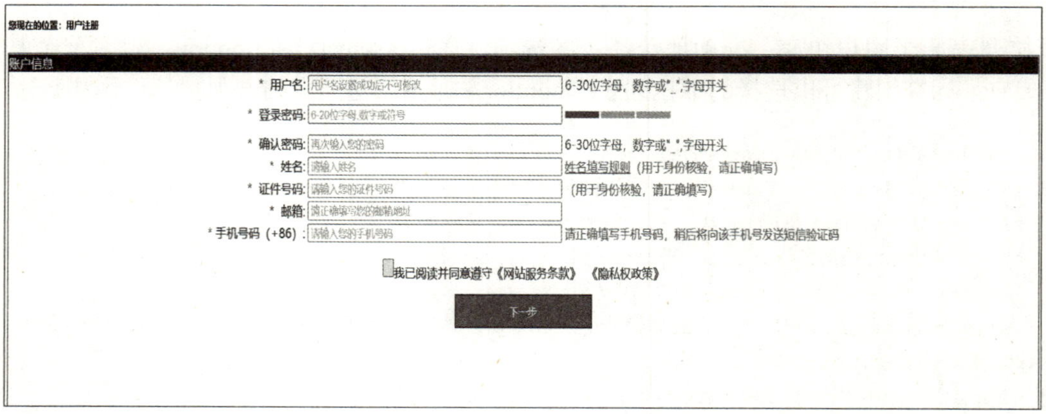

图 1-49　用户注册页面

为了保证表单的格式整齐、清晰，常常将表单和表格结合起来使用。

（1）分析页面结构：整个分为上下两个 div，其中第一个 div 为上部蓝色区域，第二个 div 为表单，这里需要用表格布局，如图 1-50 所示。

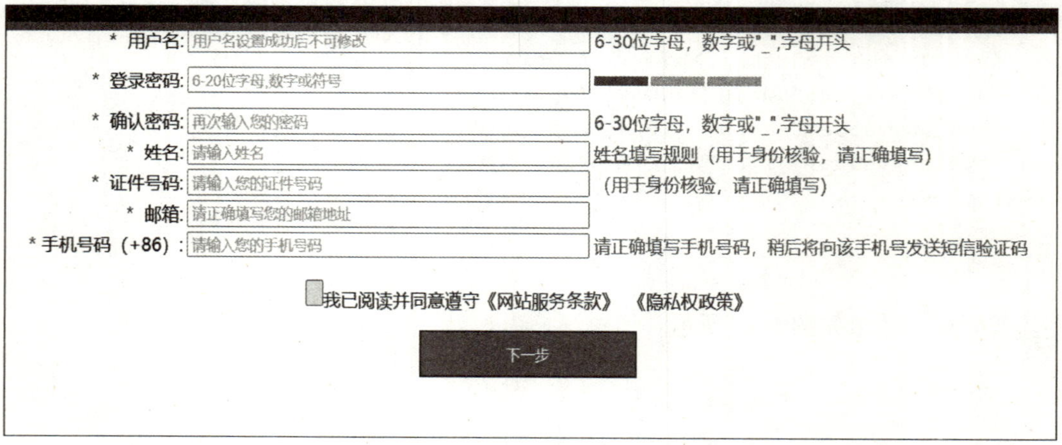

图 1-50　用户注册表单布局

（2）参考代码：

```
<!DOCTYPE html>
<html>
    <head>
        <meta charset="utf-8">
        <title></title>
        <style type="text/css">
            .f1{
                background-color: #fff;
                width: 1500px;
```

```
    height: 700px;
    border-style:solid ; /* 边框四边都是双实线 */
    border-top-color:rgb(0,0,120,0.9);/* 上边框颜色 */
    border-left-color:rgb(0,0,120,0.9);/* 左边框的颜色 */
    border-bottom-color:rgb(0,0,120,0.9);/* 下边框的颜色 */
    border-right-color:rgb(0,0,120,0.9);/* 右边框的颜色 */
    border-width:1px;/* 边框宽度 */
}

.f2{
    background-color: rgb(20,20,150,0.9);
    color: #FFFFFF;
    width: 1500px;
}
.f3{
    color: #ccc;
}
.f4{
    color: #FF4500;
}
.f5{
    background-color: #FF0000;
    width: 50px;
        height: 8px;
        float: left;
}
.f6{
    background-color: #ccc;
    width: 50px;
        height: 8px;
        float: left;
 }
 .f7{
    background-color: #FFFFFF;
    width: 2px;
    height: 8px;
    float: left;
 }
 .f9{
    width: 323px;
 }

 .fa{
    width: 200px;
    height: 40px;
    background-color: #FF4500;
    color: #FFFFFF ;
 }
```

```
        </style>
    </head>
    <body>
        <h6>您现在的位置：用户注册</h6>
        <div class="f1">
            <div class="f2">账户信息</div>
        <form action="#" method="get" name="fq">
            <table align="center">
                <tr>
                    <td align="right"> <font color="#FF0000"> *  </font>
用户名：</td>
                    <td> <input type="text" class="f3" name="fq" size="50"
value="用户名设置成功后不可修改" /> </td>
                    <td class="f4">6-30位字母，数字或"_"，字母开头</td>
                </tr>

                <tr>
                    <td align="right"> <font color="#FF0000"> *  </font>
登录密码：</td>
                    <td> <input type="text" class="f3" name="fq" size="50"
value="6-20位字母，数字或符号" /> </td>
                    <td ><p class="f5"></p><p class="f7"></p>
                        <p class="f6"></p><p class="f7"></p>
                        <p class="f6"></p><p class="f7"></p>
                       </td>
                </tr>

                <tr>
                    <td align="right"> <font color="#FF0000"> *  </font>
确认密码：</td>
                    <td> <input type="text" class="f3" name="fq" size="50"
value="再次输入您的密码" /> </td>
                    <td class="f4">6-30位字母，数字或"_"，字母开头</td>
                </tr>

                <tr>
                    <td align="right"> <font color="#FF0000"> *  </font>
姓名：</td>
                    <td> <input type="text" class="f3" name="fq" size="50"
value="请输入姓名" /> </td>
                    <td class="f4"> <ins>姓名填写规则</ins>（用于身份核验，请正确填
写）</td>
                </tr>

                <tr>
                    <td align="right"> <font color="#FF0000"> *  </font>
证件号码：</td>
```

```
                    <td> <input type="text" class="f3" name="fq" size="50"
value=" 请输入您的证件号码 " /> </td>
                    <td class="f4">（用于身份核验，请正确填写）</td>
                </tr>

                <tr>
                    <td align="right"> <font color="#FF0000"> *  </font>
邮箱 :</td>
                    <td> <input type="text" class="f3" name="fq" size="50"
value=" 请正确填写您的邮箱地址 " /> </td>
                    <td></td>
                </tr>

                <tr>
                    <td align="right"> <font color="#FF0000"> * </font>手机号码
(+86) :</td>
                    <td> <input type="text" class="f3" name="fq" size="50"
value=" 请输入您的手机号码 " /> </td>
                    <td class="f4">请正确填写手机号码，稍后将向该手机号发送短信验证码</td>
                </tr>

            </table>
        </form>

        <p align="center"><input  align="center" type="button" name="anqiu"  />我
已阅读并同意遵守<font color="#0000FF">《网站服务条款》  《隐私权政策》</font></p>
        <div align="center"> <input class="fa" type="button" name="fq" value="
下一步 " /> </div>
        </div>
    </body>
</html>
```

1.4 项目实施

1.4.1 需求分析

社区是老百姓活动、交流的场所，为了更好地发挥社区的作用、加大宣传力度，可以为社区制作宣传网站，可以包括社区新闻、民生热线、社区活动、社区摄影等。

1.4.2 项目组织

学生独自选材，独立完成。

1.4.3 项目流程

1. 素材收集整理

明确所选社区，整理所需图片资源，填写表 1-8。

表 1-8 项目准备记录表

日期	
完成人	
所选社区	
搜集素材	

2. 项目实现

（1）新建项目

打开 HBuilder 软件，新建名称为 Community 的 HTML 项目，并将页面中需要用到的图片素材放入 Community 项目下的 img 文件夹中，如图 1-51 所示。

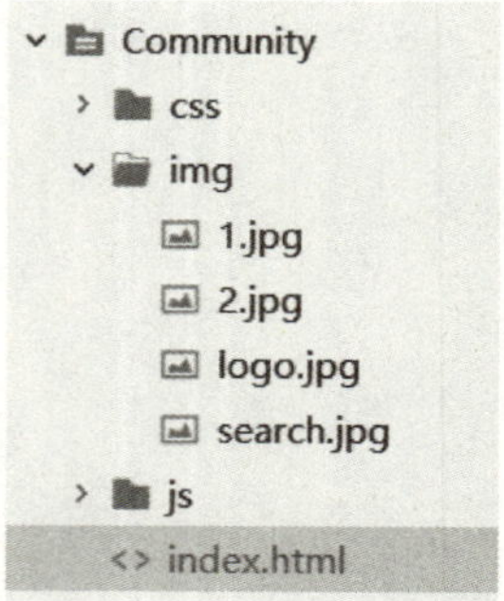

图 1-51 项目结构

（2）在 index.html 文档中运用文本标签、超链接标签添加文字内容，代码如下所示：

```
<!DOCTYPE html>
<html>
    <head>
        <meta charset="utf-8" />
        <title>爱社区官网</title>
    </head>
    <body>
        <img src="img/logo.jpg" />
        <img src="img/search.jpg"/>
        <p><strong>欢迎成为我们的一员</strong></p>
             &gt; <a href="register.html">注册</a>和<a href=
"login.html">登录</a>
        <div>
            <p><strong>社区简介</strong> </p>
            <p>三里社区是在原三里村基础上组建的社区。辖区有7个居住小区，6个企业居民小区，
14个机关事业单位居民小区，5个开发居住小区，共计32个居住小区（辖区东起长征路，西至市开发区，
南起建设路，北至体育路），辖区面积0.6平方公里，居民总户数4933户，总人数15600人，其中常
住人口4483户，14500人；流动人口450户，1100人。辖区有党员810人，其中自管党员126人。
社区党总支下设3个党支部，其中集体经济党支部党员30人，综合党支部党员92人，全洲服务站支部
4人</p>
        </div>
        <div>
            <p><strong>社区活动</strong> </p>
                <a href="#">家长学校开展“法治讲座”进社区活动：学法，知法，懂法与孩子
共成长开展环境卫生整治志愿服务活动</a><br/>
                <a href="#">开展环境卫生整治志愿服务活动</a><br/>
                <a href="#">社区开展送法进社区巡回宣讲活动</a><br/>
                <a href="#">贴心服务暖人心——大富社区公共志愿服务日活动</a><br/>
```

```
                <a href="#">社区开展多种“学雷锋”活动</a>
            </div>
            <div>
                <p><strong>社区摄影</strong> </p>
                <img src="img/1.jpg" />
                <img src="img/2.jpg" />
            </div>
        </body>
    </html>
```

运行效果如图 1-52 所示。

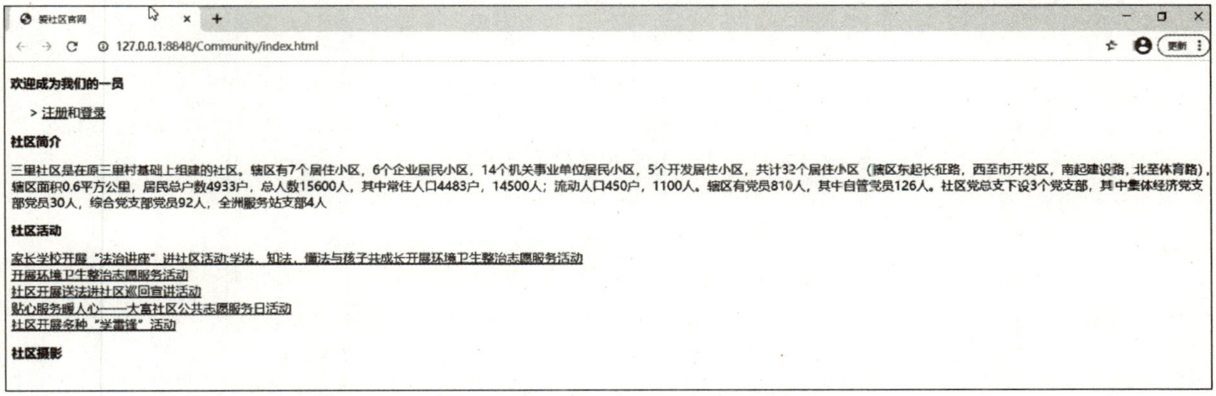

图 1-52　运用文本标签、超链接标签效果

在 index.html 文档中运用图像标签添加图像内容，代码如下所示：

```
    <!DOCTYPE html>
<html>
    <head>
        <meta charset="utf-8" />
        <title>爱社区官网</title>
    </head>
    <body>
        <img src="img/logo.jpg" width="150px" height="150px"/>
        <img src="img/search.jpg" height="60px"/>
        <p style="color: red; font-size: 20px;"><strong>欢迎成为我们的一员
</strong></p>
             &gt; <a href="register.html">注册</a>和
<a href="login.html">登录</a>
        <div>
            <p style="color: blue; font-size: 23px;"><strong>社区简介</strong>
</p>
            <p>三里社区是在原三里村基础上组建的社区。辖区有 7 个居住小区，6 个企业居民小区，
```

```
14 个机关事业单位居民小区，5 个开发居住小区，共计 32 个居住小区（辖区东起长征路，西至市开
发区，南起建设路，北至体育路），辖区面积 0.6 平方公里，居民总户数 4 933 户，总人数 15 600 人，
其中常住人口 4 483 户，14 500 人；流动人口 450 户，1 100 人。辖区有党员 810 人，其中自管党员
126 人。社区党总支下设 3 个党支部，其中集体经济党支部党员 30 人，综合党支部党员 92 人，全洲服务
站支部 4 人 </p>
        </div>
        <div>
            <p style="color: blue; font-size: 23px;"><strong> 社区活动 </strong> </p>
            <ul>
                <li><a href="#"> 家长学校开展“法治讲座”进社区活动：学法，知法，懂法与
孩子共成长开展环境卫生整治志愿服务活动 </a></li>
                <li><a href="#"> 开展环境卫生整治志愿服务活动 </a></li>
                <li><a href="#"> 社区开展送法进社区巡回宣讲活动 </a></li>
                <li><a href="#"> 贴心服务暖人心——大富社区公共志愿服务日活动 </a></li>
                <li><a href="#"> 社区开展多种“学雷锋”活动 </a></li>
            </ul>
        </div>
        <div>
            <p style="color: blue; font-size: 23px;"><strong> 社区摄影 </strong> </p>
            <img src="img/1.jpg" width="550px"  height="400px"/>
            <img src="img/2.jpg" width="550px"  height="400px"/>
        </div>
    </body>
</html>
```

运行效果如图 1-53 所示。

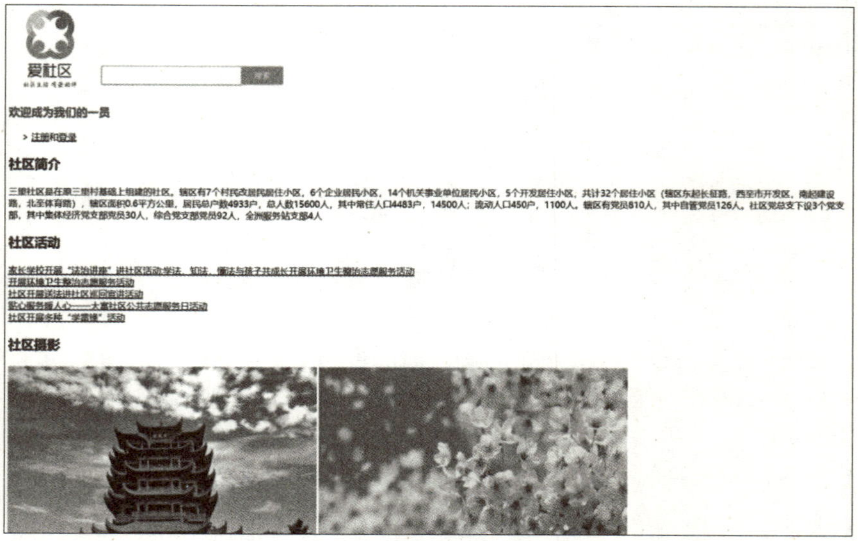

图 1-53　运用图像标签效果

在爱社区主页面的“社区活动”栏目，添加无序列表标签，代码如下所示：

```
<ul>
            <li><a href="#">家长学校开展“法治讲座”进社区活动：学法，知法，懂法与
孩子共成长开展环境卫生整治志愿服务活动</a></li>
            <li><a href="#">开展环境卫生整治志愿服务活动</a></li>
            <li><a href="#">社区开展送法进社区巡回宣讲活动</a></li>
            <li><a href="#">贴心服务暖人心——大富社区公共志愿服务日活动</a></li>
            <li><a href="#">社区开展多种“学雷锋”活动</a></li>
         </ul>
```

运行效果如图 1-54 所示。

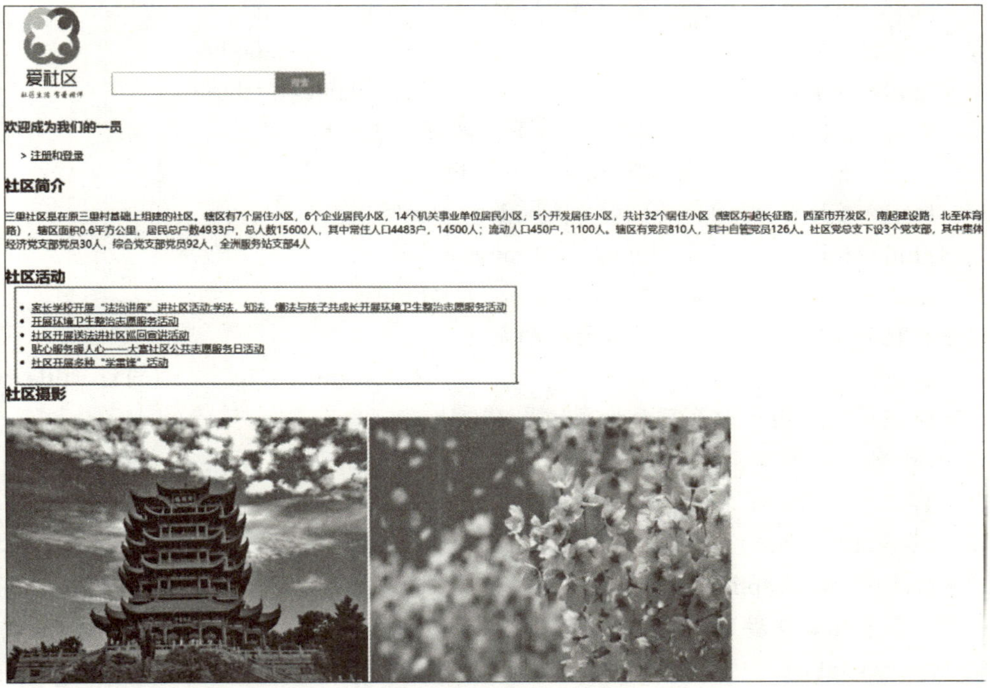

图 1-54　运用无序列表标签效果

3. 项目总结

填写项目总结表，见表 1-9。

表 1-9　项目总结表

项目完成人	
项目完成所用时间	
项目效果	
改进之处	

习题

一、单选题

1. 下面哪一项是换行符标签（　　）。

A. <body>　　B.
　　C. <hr>　　D. <p>

2. 下列哪一项是在新窗口中打开网页文档（　　）。

A. _self　　B. _blank　　C. _top　　D. _parent

3. 要使表格的边框不显示，应设置 border 的值是（　　）。

A. 1　　B. 0　　C. 2　　D. 3

4. 为了标识一个 HTML 文件应该使用 HTML 标记的是（　　）。

A. <p></p>　　B. <body></body>

C. <html></html>　　D. <table></table>

5. 用 HTML 标记语言编写一个简单的网页，网页最基本的结构是（　　）。

A. <html><head>…</head><frame>…</frame></html>

B. <html><title>…</title><body>…</body></html>

C. <html><title>…</title><frame>…</frame></html>

D. <html><head>…</head><body>…</body></html>

6. 以下标记符中，没有对应的结束标记的是（　　）。

A. <body>　　B.
　　C. <html>　　D. <title>

7. 以下标记符中，用于设置页面标题的是（　　）。

A. <title>　　B. <caption>　　C. <head>　　D. <html>

8. 以下标记中，用于定义一个单元格的是（　　）。

A. <td> </td>　　B. <tr>…</tr>

C. <caption>…</caption>　　D. <table>…</table>

9. 用于设置表格背景颜色的属性的是（　　）。

A. background　　B. bgcolor

C. BorderColor　　D. backgroundColor

10. 下列哪一项表示的不是按钮（　　）。

A. type="submit"　　B. type="reset"

C. type="image"　　D. type="button"

11. 用于设置文本框显示宽度的属性是（　　）。

A. Size　　B. MaxLength　　C. Value　　D. Length

12. 以下有关表单的说明中，错误的是（　　）。

A. 表单通常用于搜集用户信息

B. 在 form 标签中使用 action 属性指定表单处理程序的位置

C. 表单中只能包含表单控件，而不能包含其他诸如图片之类的内容

D. 在 form 标签中使用 method 属性指定提交表单数据的方法

13. 在 HTML 中，关于表单提交方法说法错误的是（ ）。

A. post 提交数据不会显示在地址栏，而 get 会显示

B. action 属性用来设置表单的提交方式

C. 表单提交有 get 和 post 两种方式

D. post 比 get 方法安全

14. 若要产生一个 4 行 30 列的多行文本域，以下方法中，正确的是（ ）。

A. <Input type="text"Rows="4"Cols="30"Name="txtintrol">

B. <TextArea Rows="4"Cols="30"Name="txtintrol"></TextArea>

C. <TextArea Rows="4"Cols="30"Name="txtintrol"></TextArea>

D. <TextArea Rows="30"Cols="4"Name="txtintrol"></TextArea>

15. 如何产生带有圆点列表符号的列表？（ ）

A. <dl> B. <list> C. <ol> D. <ul>

二、上机题

请根据提供的素材，做出以下效果，并在浏览器测试，效果如图 1-55 所示。该上机题考察的知识点是表格布局以及表单控件的使用。

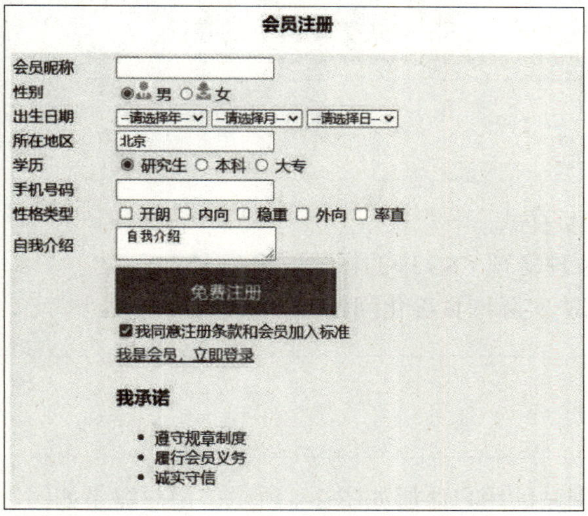

图 1-55 上机题效果图

项目 2

使用 CSS 设计页面样式

同学们，我们已经学习了网页制作的基本标签的用法，学会了制作网页元素。同时，我们也发现，自己制作的页面总是很单调，不美观。如何让网页美观呢？我们就需要网页美化的技巧了。本项目将重点学习 CSS 样式理论、CSS 样式美化网页的技能。

2.1 项目目标

- 能使用 CSS 美化网页样式。
- 能正确运用 Hack 原理实现 CSS 中的样式效果。
- 会使用 CSS 样式解决实际网页美化问题。

2.2 项目描述

制作“欢乐购”购物网站的用户注册如图 2-1 所示，用户登录如图 2-2 所示，用户中心页面如图 2-3 所示。

图 2-1　用户注册

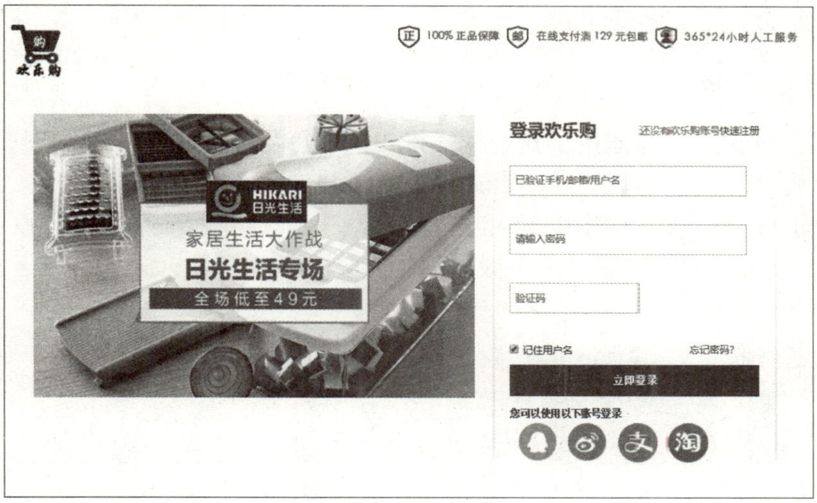

图 2-2　用户登录

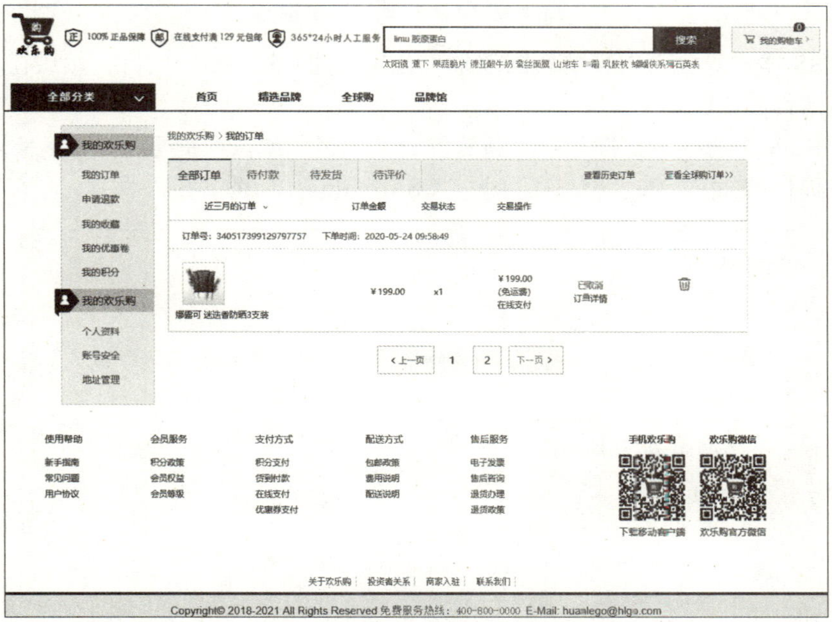

图 2-3　用户中心页面

2.3　相关知识

2.3.1　CSS 样式理论

CSS（Cascading Style Sheets）即层叠样式表，在网页制作时采用 CSS 技术，可对页面中的背景、布局、字体、颜色等效果精准体现出来。CSS 样式规则具体格式如下：

```
选择器 { 属性 1: 属性值 1; 属性 2: 属性值 2; ... 属性 n: 属性值 n; }
```

在 CSS 样式规则中，选择器用于指定样式作用的 HTML 对象，大括号内设置的是此对象的应用样式。其中属性和属性值以“key:value;”的“键值对”形式出现，一个键 key 对应一个值 value，且以英文分号“;”结尾，需注意大括号内最后一对属性 n 和属性值 n 末尾的英文分号“;”可省略，但为了 CSS 代码的可扩展性，一般保留便于增加新的样式，如图 2-4 所示。

图 2-4　CSS 样式规则示例

为了演示 CSS 样式对页面内容的修饰效果，首先创建 CSSDemo 项目，然后在页面 index.html 中添加一些标签，具体步骤如下：

（1）打开 HBuilder 选择“文件”→“新建”→“项目”或按快捷键【Ctrl + N】新建项目，选择模板“基本 HTML 项目”，输入项目名称为“CSSDemo”，如图 2-5 所示。

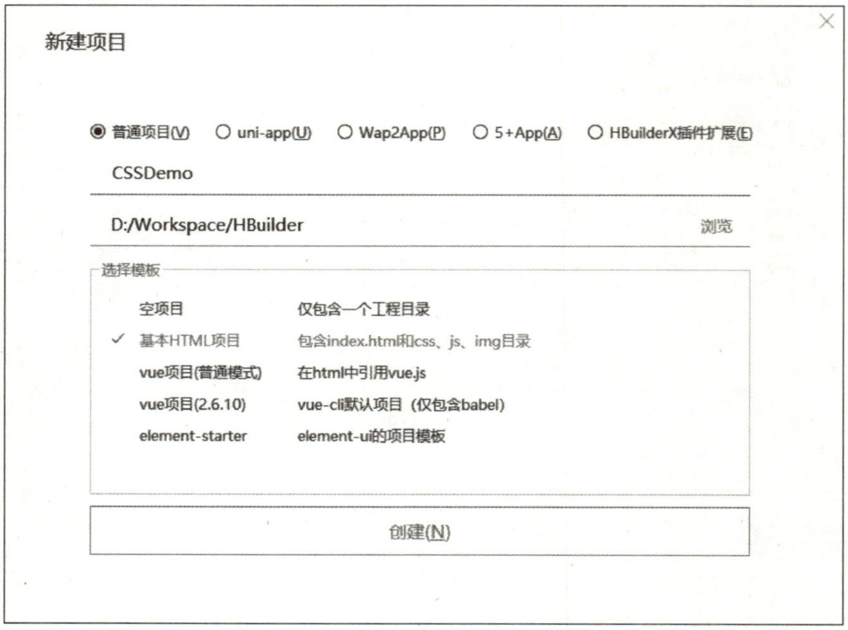

图 2-5　新建项目 CSSDemo

（2）项目 CSSDemo 创建成功后，默认 css 文件夹、img 文件夹和 js 文件夹为空，选择 index.html 查看 HBuilder 自动生成的页面内容，如图 2-6 所示。

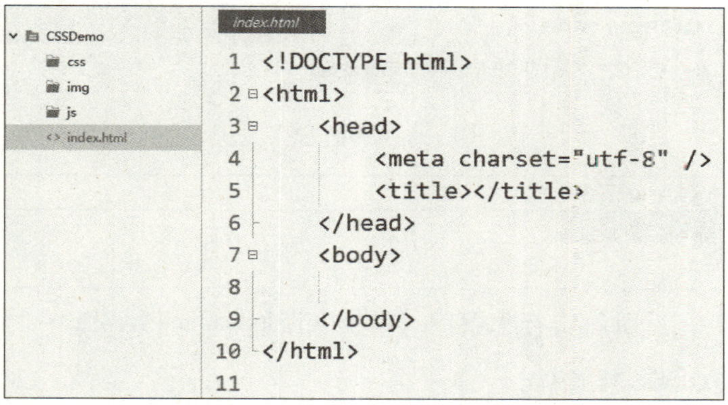

图 2-6　查看 index.html 页面内容

视 频

行内式引入CSS样式

若想要让 CSS 样式在页面 index.html 中生效，必须在页面中引入 CSS 样式。页面引入 CSS 样式有四种方式，分别为行内式、内嵌式、链入式和导入式。

1. 行内式引入 CSS 样式

“行内式”是通过在标签 style 属性上设置元素样式来完成 CSS 样式引入的，“行内式”又称“内联样式”。其语法格式如下：

```
<标签名 style="属性1:属性值1; 属性2:属性值2; ... 属性n:属性值n;">内容</标签名>
```

对于任何 HTML 标签而言，其都拥有 style 属性，可用来设置内联样式。内联样式只对其所在的标记和其中包含的子标记起作用。

接下来在页面 index.html 中通过行内式引入 CSS 样式，具体代码如例 1 所示。

例 1　行内式引入样式。

```
<!DOCTYPE html>
<html>
    <head>
        <meta charset="utf-8" />
        <title>行内式引入CSS样式</title>
    </head>
    <body>
        <p style="color:pink;text-align: center;">这是p标签</p>
        <div style="border: red 1px solid;">这是div标签</div>
        <span style="background-color: aqua;">这是span标签</span>
    </body>
</html>
```

使用行内式引入 CSS 样式后，页面效果在 Google Chrome 上展示如图 2-7 所示。

注意：行内式是通过标签的属性来控制样式的，若有多个相同标签要加上同一样式，则需在每个标签上都写一次此样式，这样并没有做到结构与表现的分离。一般而言，只在标签上使用一次，或需临时修改某个样式规则才使用行内式。

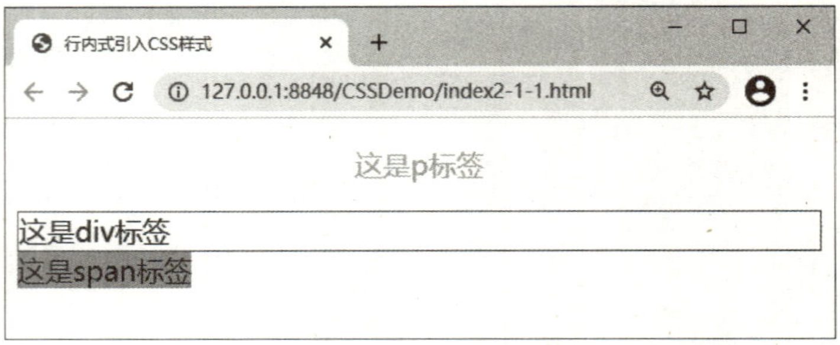

图 2-7　行内式引入 CSS 的页面 index.html 效果图

视频

内嵌式引入CSS样式

2. 内嵌式引入 CSS 样式

“内嵌式”是将 CSS 代码集中在 <style> 标签里，且此 <style> 标签位于 HTML 的 <head> 标签中。其语法格式如下：

```
<head>
    <style type="text/css">
        选择器 1{ 属性 1: 属性值 1; 属性 2: 属性值 2; ... 属性 n: 属性值 n;}
        选择器 2{ 属性 1: 属性值 1; 属性 2: 属性值 2; ... 属性 n: 属性值 n;}
        ...
        选择器 n{ 属性 1: 属性值 1; 属性 2: 属性值 2; ... 属性 n: 属性值 n;}
    </style>
</head>
```

如果要将 CSS 样式应用于指定的 HTML 元素中，则必须先找到此元素。在 CSS 中通过选择器找到选择指定元素，然后对其设置样式。CSS 中常用基本选择器的种类包括标签选择器、id 选择器、class 选择器和通配符选择器。

内嵌式引入 CSS 样式时，<style> 标签一般放于 <title> 标签之后，多个选择器中间不需要用符号分隔。理论上 <style> 标签可以放于 HTML 中任意位置，但由于浏览器按照从上往下的顺序解析代码，所以将 <style> 标签放于 <head> 标签中有利于提前加载 CSS 样式来修饰页面内容。

接下来在页面 index.html 中通过内嵌式引入 CSS 样式，具体代码如例 2 所示。

例 2　内嵌式引入样式。

```
<DOCTYPE html>
<html>
    <head>
        <meta charset="utf-8" />
        <title> 内嵌式引入 CSS 样式 </title>
        <style type="text/css">
            p{color:blue;text-align: center;}
            div{border: red 1px solid;}
            span{background-color: aqua;}
        </style>
```

```
    </head>
    <body>
        <p> 这是 p 标签 </p>
        <div> 这是 div 标签 </div>
        <span> 这是 span 标签 </span>
        <p> 这也是 p 标签 </p>
    </body>
</html>
```

使用内嵌式引入 CSS 样式后，页面效果在 Google Chrome 上展示如图 2-8 所示。

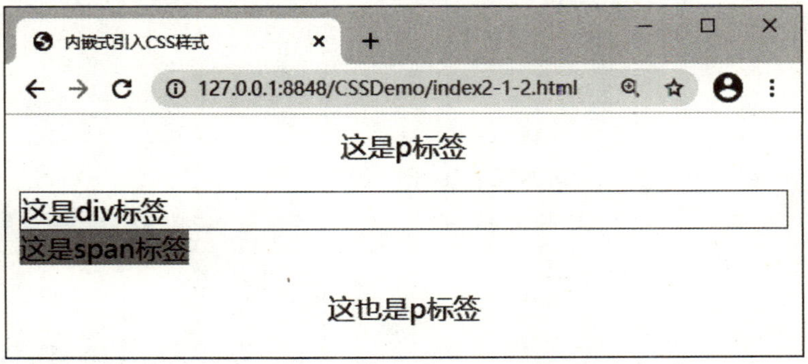

图 2-8　内嵌式引入 CSS 的页面 index.html 效果图

注意：页面通过内嵌式引入的 CSS 样式只在当前页有效，若有多个页面的相同选择器要使用同样的 CSS 样式，则仍需在其他页面中重新编写 CSS 样式代码。

3. 链入式引入 CSS 样式

链入式是将所有的样式都放在以“.css”为扩展名的外部样式表文件中，再通过 <link> 标签将外部样式表文件链接到 HTML 文档中。其语法格式如下：

```
<head>
    <link href="css 文件路径 " type="text/css" rel="stylesheet" />
</head>
```

通过链入式引入 CSS 样式时，需将 <link> 标签放在 <head> 头部标签中，<link> 标签中必须指定三个属性，具体说明见表 2-1。

表 2-1　<link> 标签中属性的描述

属　性	描　述
href	定义外部 CSS 文件路径，可以是绝对路径，也可以是相对路径
type	定义链接文档的类型，此处定义为“text/css”表明链接文档类型为 CSS 样式表
rel	定义当前文档与被链接文档的关系，stylesheet 表明被链接文件为一个样式表

在 CSSDemo 项目中的 css 文件夹中新建样式表文件“demo2-3.css”，如图 2-9 所示。

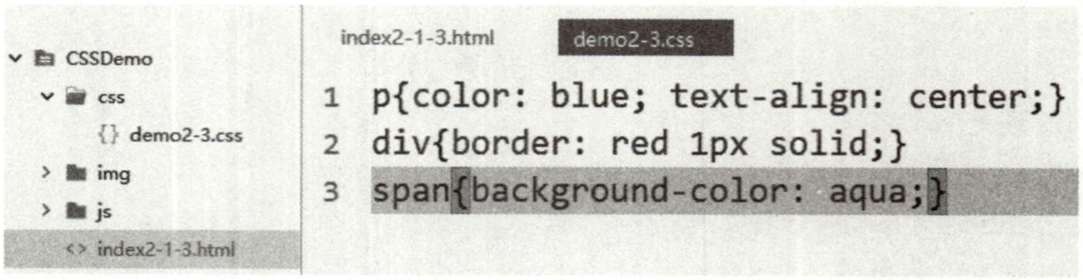

图 2-9　新建 demo2-3.css 样式表文件

在页面 index.html 中链入式引入 demo2-3.css 样式，具体代码如例 3 所示。

例 3　链入式引入样式。

```
<!DOCTYPE html>
<html>
    <head>
        <meta charset="utf-8" />
        <title>链入式引入 CSS 样式 </title>
        <link href="css/demo2-3.css" type="text/css" rel="stylesheet" />
    </head>
    <body>
        <p> 这是 p 标签 </p>
        <div> 这是 div 标签 </div>
        <span> 这是 span 标签 </span>
        <p> 这也是 p 标签 </p>
    </body>
</html>
```

使用链入式引入 CSS 样式后，页面效果在 Google Chrome 上展示如图 2-10 所示。

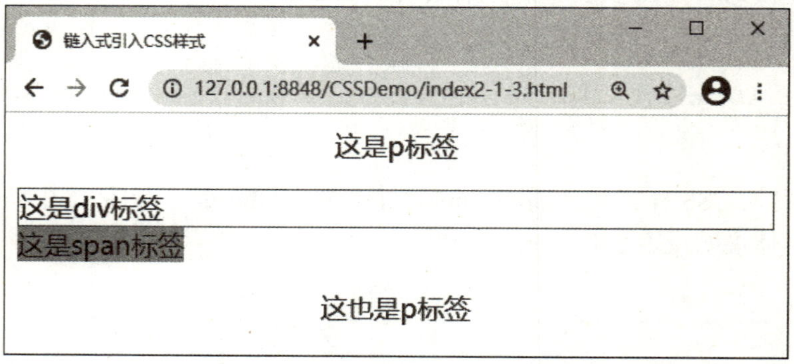

图 2-10　链入式引入 CSS 的页面 index.html 效果图

使用外部样式表的好处是，同一个 CSS 样式表文件可以被多个不同的 HTML 页面链接使用，而不必在每个页面中都重写 CSS 样式规则。

4. 导入式引入 CSS 样式

导入式和链入式一样都是将外部样式表文件链接到 HTML 页面中，不同的是导入式引入 CSS 样式需在 <style> 标签内的开头处使用 @import 语句。其语法格式如下：

```
<head>
    <style type="text/css">
        @import css 文件路径 或 @import url(css 文件路径);
    </style>
</head>
```

通过导入式引入外部 CSS 文件时，需注意 @import 语句应放在 <style> 标签的第一行，效果和链入式引入外部 CSS 文件一致。在页面 index.html 中链入式引入 demo2-3.css 样式，具体代码如例 4 所示。

例 4　导入式引入样式。

```
<!DOCTYPE html>
<html>
    <head>
        <meta charset="utf-8" />
        <title>导入式引入 CSS 样式</title>
        <style type="text/css">
            @import url("css/demo2-3.css");
        </style>
    </head>
    <body>
        <p>这是 p 标签</p>
        <div>这是 div 标签</div>
        <span>这是 span 标签</span>
        <p>这也是 p 标签</p>
    </body>
</html>
```

使用导入式引入 CSS 样式后，除页面标题外，其他页面效果和图 2-10 基本保持一致。

5. CSS 样式应用

使用 CSS 样式制作效果如图 2-11 所示。

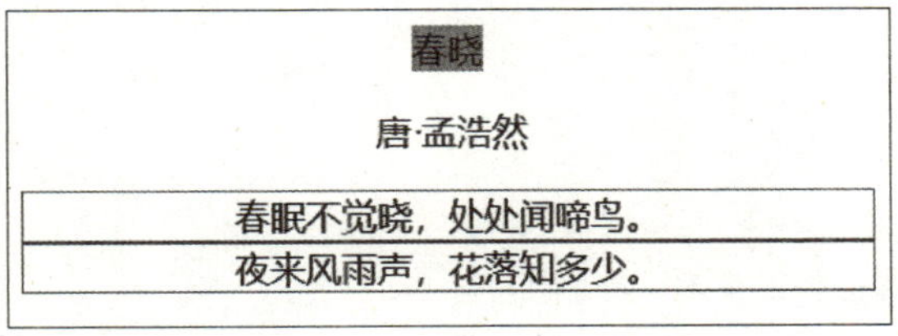

图 2-11　CSS 样式应用效果图

参考代码

```
<!DOCTYPE html>
<html>
    <head>
```

```
        <meta charset="utf-8" />
        <title>CSS 样式理论案例代码 </title>
        <style type="text/css">
            div{text-align: center;}
            p{text-align: center;}
            .title{background-color: #00FFFF;}
            .author{color: #0000FF;}
            .setBorder{border: 1px red solid;}
        </style>
    </head>
    <body>
        <div><span class="title">春晓 </span></div>
        <p><span class="author">唐 · 孟浩然 </span></p>
        <div class="setBorder">春眠不觉晓，处处闻啼鸟。</div>
        <div class="setBorder">夜来风雨声，花落知多少。</div>
    </body>
</html>
```

2.3.2 CSS 样式基本选择器

1. 标签选择器

标签选择器是指将HTML中的标签名作为选择器,为页面中某一类标签设置统一的CSS样式。其语法格式如下：

```
标签名 { 属性 1: 属性值 1; 属性 2: 属性值 2; ... 属性 n: 属性值 n;}
```

在该语法中，任何 HTML 标记名都可以作为选择器，例如 h1、div、span、p、body 等标签。标签选择器的优点是快速为页面中同一标签设置相同样式，这也是它的缺点，即不能为相同标签设置差异化的样式。

接下来通过一个案例来学习标签选择器的使用，具体代码如例 5 所示。

例 5 标签选择器的使用。

```
<!DOCTYPE html>
<html>
    <head>
        <meta charset="utf-8" />
        <title>标签选择器案例 </title>
        <style type="text/css">
            // p、div、span 都是标签名
            p{color:red;font-size: 16px;text-align: center;}
            div{color: green;border: #00FFFF 1px solid;}
            span{color: blue;background-color: aqua;}
        </style>
```

```
    </head>
    <body>
        <p> 这是 p 标签 </p>
        <div> 这是 div 标签 </div>
        <span> 这是 span 标签 </span>
        <div> 这也是 div 标签 </div>
        <p> 这也是 p 标签 </p>
    </body>
</html>
```

运行例 5 示例代码，页面效果如图 2-12 所示。

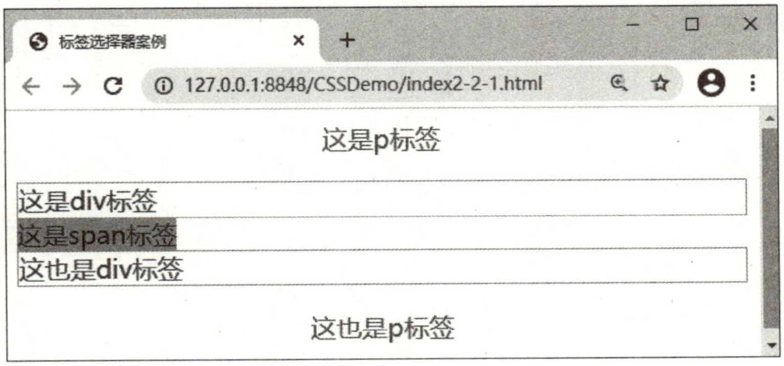

图 2-12　标签选择器案例效果图

在对 HTML 页面中所有标签设置了统一样式之后，若想要对某些内容设置单独样式，可以对其所在的标签上通过行内式引入 CSS 样式，此时这些内容的样式将会发生改变。

2. id 选择器

id 选择器可以为标有 id 的 HTML 元素设置特定的样式。大多数 HTML 元素都可以设置 id 属性，id 名即为指定 HTML 元素的 id 属性值。在 CSS 中 id 选择器以“#”来标识，其语法格式如下：

```
#id 名 { 属性 1: 属性值 1; 属性 2: 属性值 2; ... 属性 n: 属性值 n;}
```

在该语法中，HTML 元素的 id 值是唯一的，即一个 id 值只能对应一个 HTML 元素。

接下来通过一个案例来学习 id 选择器的使用，具体代码如例 6 所示。

例 6　使用 id 选择器美化网页元素。

```
<!DOCTYPE html>
<html>
    <head>
        <meta charset="utf-8" />
        <title> 标签选择器案例 </title>
        <style type="text/css">
            #p_01{color:red;font-size: 16px;text-align: center;}
            #p_02{color:orangered;font-size: 12px;text-align: right;}
```

```
            #div_01{color: green;border: #00FFFF 1px solid;}
            #div_02{color: sienna;border: #00FFFF 1px dashed;}
            #span_01{color: blue;background-color: aqua;}
        </style>
    </head>
    <body>
        <p id="p_01">这是 p 标签 </p>
        <div id="div_01">这是 div 标签 </div>
        <span id="span_01">这是 span 标签 </span>
        <div id="p_02">这也是 div 标签 </div>
        <p id="div_02">这也是 p 标签 </p>
    </body>
</html>
```

运行例 6 示例代码，页面效果如图 2-13 所示。

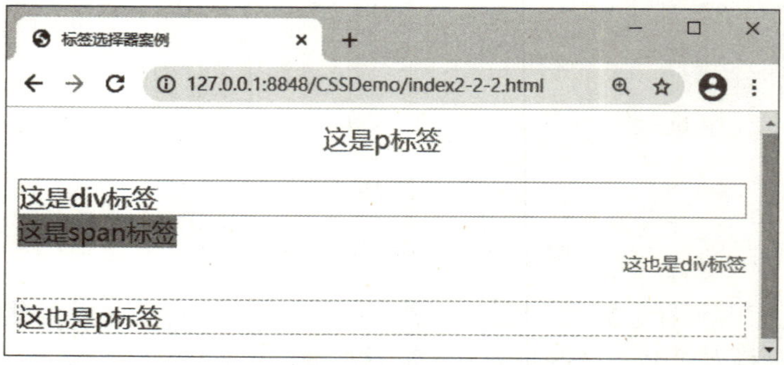

图 2-13　id 选择器案例效果图

在使用 id 选择器对 HTML 元素设置 CSS 样式时，需注意 id 名大小写要保持一致，且在 <style> 标签中 id 名前面要带有“#”才行。

3. 类选择器

视频

class选择器

类选择器又称 class 选择器，在 CSS 中 class 选择器以英文“.”来标识，后面紧接类名。其语法格式如下：

```
.class 名 { 属性 1: 属性值 1; 属性 2: 属性值 2; ... 属性 n: 属性值 n;}
```

大多数 HTML 元素都可以设置 class 属性，一个 HTML 标签可以匹配多个 class，一个 class 也可以被多个 HTML 标签使用。当一个 HTML 标签匹配多个 class 时，class 之间用空格间隔。

接下来通过一个案例来学习 class 选择器的使用，具体代码如例 7 所示。

例 7　使用 class 选择器实现页面元素的美化。

```
<!DOCTYPE html>
<html>
    <head>
```

```
        <meta charset="utf-8" />
        <title>class 选择器案例 </title>
        <style type="text/css">
            .addColor{color:red;}
            .addBorder{border: blue 1px solid;}
            .addBgColor{background-color: aqua;}
            .setCenter{text-align: center;}
        </style>
    </head>
    <body>
        <p class="addColor setCenter">这是 p 标签 </p>
        <div class="addBorder addBgColor setCenter">这是 div 标签 </div>
        <span class="addColor">这是 span 标签 </span>
        <div class="addColor addBorder">这也是 div 标签 </div>
        <p class="addBorder setCenter">这也是 p 标签 </p>
    </body>
</html>
```

运行例 7 示例代码，页面效果如图 2-14 所示。

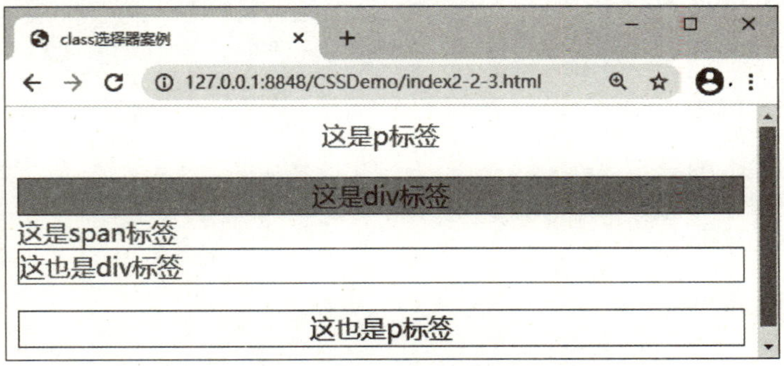

图 2-14　class 选择器案例效果图

类选择器的最大优势是可以为不同的 HTML 元素定义相同样式，也可以为相同的 HTML 元素定义不同样式。

4. 通配符选择器

通配符选择器能匹配页面中所有 HTML 元素，在 CSS 中通配符选择器以英文“*”来标识。其语法格式如下：

```
*{ 属性 1: 属性值 1; 属性 2: 属性值 2;  ... 属性 n: 属性值 n;}
```

接下来通过一个案例来学习通配符选择器的使用，将所有文本颜色设置为红色，字体大小设置为 16px，具体代码如例 8 所示。

例 8　使用通配符选择器实现页面元素的美化。

```
<!DOCTYPE html>
```

```
<html>
    <head>
        <meta charset="utf-8" />
        <title>通配符选择器案例</title>
        <style type="text/css">
            *{color:red; font-size: 16px;}
        </style>
    </head>
    <body>
        <p>这是p标签</p>
        <div>这是div标签</div>
        <span>这是span标签</span>
        <div>这也是div标签</div>
        <p>这也是p标签</p>
    </body>
</html>
```

运行例8示例代码，页面效果如图2-15所示。

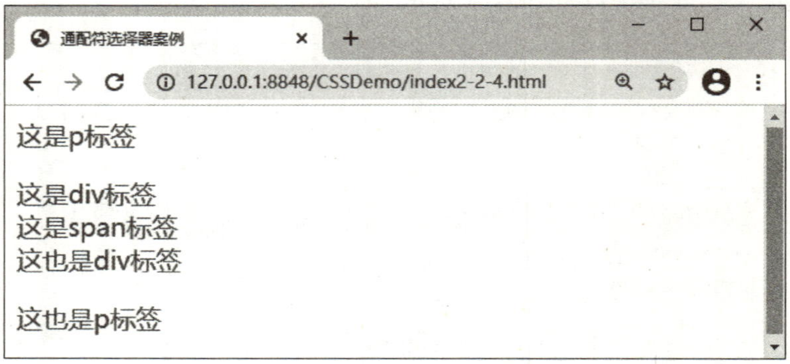

图2-15　通配符选择器案例效果图

在实际HTML页面开发中，不建议使用通配符选择器，因为其设置的样式对所有HTML标签都生效，包括不需要此样式的标签，从而降低代码的执行效率。

5. 综合应用案例

使用CSS样式基本选择器，制作效果如图2-16所示。

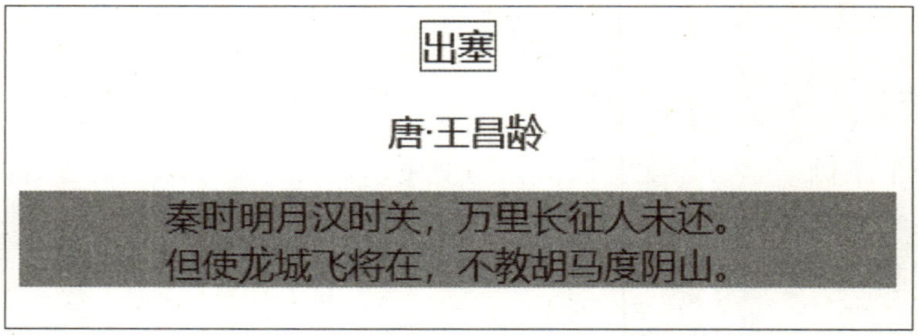

图2-16　CSS样式基本选择器综合应用

参考代码：

```
<!DOCTYPE html>
<html>
    <head>
        <meta charset="utf-8" />
        <title>CSS 样式基本选择器案例代码 </title>
        <style type="text/css">
            div{text-align: center;}
            p{text-align: center;}
            #title{border: 1px red solid;}
            #author{color: #0000FF;}
            .setBgColor{background-color: #00FFFF;}
        </style>
    </head>
    <body>
        <div><span id="title">出塞 </span></div>
        <p><span id="author">唐 · 王昌龄 </span></p>
        <div class="setBgColor">秦时明月汉时关，万里长征人未还。</div>
        <div class="setBgColor">但使龙城飞将在，不教胡马度阴山。</div>
    </body>
</html>
```

2.3.3　CSS 样式复合选择器

复合选择器是由两个或多个基本选择器，通过不同方式组合而成，可实现更方便且更完善的选择功能。常用的复合选择器可以分为六种：交集选择器、并集选择器、后代选择器、子元素选择器、相邻兄弟选择器和普通兄弟选择器。

1. 交集选择器

交集选择器又称“标签指定选择器”，由标签选择器和 id 选择器或 class 选择器组成，且第一个选择器必须是标签选择器。其语法格式如下：

```
标签名 #id 名    或    标签名 .class 名
```

在该语法中，两个选择器中间不能有空格。交集选择器可以理解为包含 id 选择器的标签选择器，或者包含 class 选择器的标签选择器。

接下来通过一个案例来学习交集选择器的使用，具体代码如例 9 所示。

例 9　交集选择器的用法。

```
<!DOCTYPE html>
<html>
    <head>
```

```
        <meta charset="utf-8" />
        <title>交集选择器案例</title>
        <style type="text/css">
            div#divID{color:red; background-color: gray;}
            span.spanCls{border: blue 2px solid;}
        </style>
    </head>
    <body>
        <div id="divID">这是 div 标签</div>
        <div>这也是 div 标签</div>
        <span class="spanCls">这是 span 标签</span>
        <span>这也是 span 标签</span>
    </body>
</html>
```

运行例 9 示例代码，页面效果如图 2-17 所示。

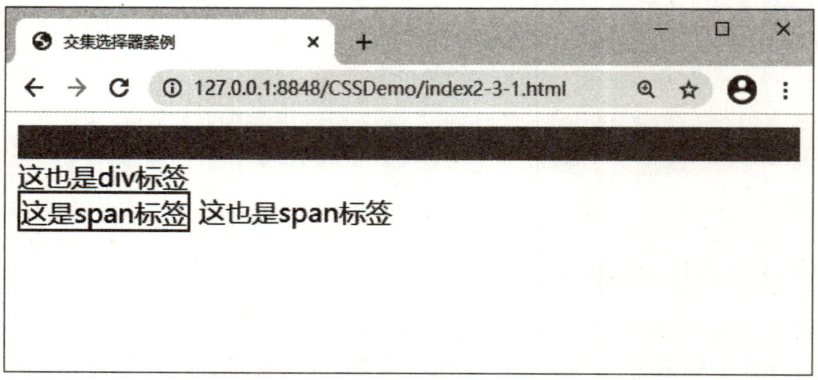

图 2-17　交集选择器的用法

在图 2-17 中，由于 div 是块元素，span 是行内元素，所以 span 元素没有如同 div 元素一样换行输出。例 9 将 id 为 divID 的 div 文字设置为红色且背景设置为灰色，同时将 class 为 spanCls 的 span 文字边框设置为宽度 2px 的蓝色实线。

2. 并集选择器

并集选择器又称“逗号选择器”，标签选择器、id 选择器和 class 选择器等基本选择器都可以作为并集选择器的一部分，基本选择器之间用英文逗号进行分隔。若某些选择器定义的样式有部分相同或完全相同，则可用并集选择器将它们定义为相同的 CSS 样式。在并集选择器中，基本选择器可以两两组合，也可以多个组合。

接下来通过一个案例来学习交集选择器的使用，具体代码如例 10 所示。

例 10　并集选择器的用法。

```
<!DOCTYPE html>
<html>
```

```
    <head>
        <meta charset="utf-8" />
        <title>并集选择器案例</title>
        <style type="text/css">
            // 将所有 p 标签和 class 为 setBgColor 的 div 标签设置背景颜色
            p,.setBgColor{background-color: red;}
        </style>
    </head>
    <body>
        <p>这是 p 标签</span>
        <p>这也是 p 标签</span>
        <div class="setBgColor">这是 div 标签</div>
        <div>这也是 div 标签</div>
    </body>
</html>
```

运行例 10 示例代码，页面效果如图 2-18 所示。

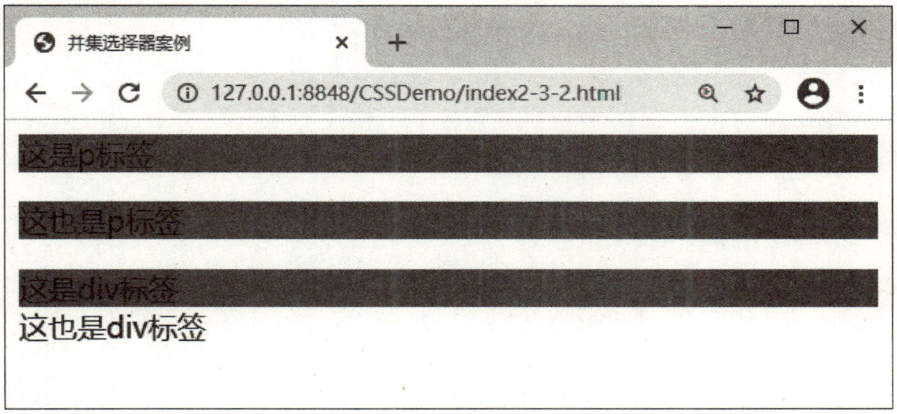

图 2-18　并集选择器的用法

例 10 中，<style> 标签用并集选择器设置 CSS 样式的代码，等同于如下代码：

```
... ...
    <title>并集选择器案例</title>
    <style type="text/css">
        // 将所有 p 标签和 class 为 setBgColor 的 div 标签设置背景颜色
        p{background-color: red;}
        .setBgColor{background-color: red;}
    </style>
... ...
```

将并集选择器设置的 CSS 样式分开写，再次运行得到的效果图和图 2-18 相同。

3. 后代选择器

后代选择器用来选择元素的后代，通常由标签选择器组成，中间由空格分隔，当标签选择器之间发生嵌套时，内层标签就称为外层标签的后代。若设置A为父元素，B为子元素，则后代选择器CSS样式生效的范围在父元素A之后的所有子元素B,父元素A并不会应用CSS样式。其语法格式如下：

视 频

后代选择器

```
A B
```

接下来通过一个案例来学习后代选择器的使用，具体代码如例11所示。

例 11 后代选择器的用法。

```
<!DOCTYPE html>
<html>
    <head>
        <meta charset="utf-8" />
        <title>后代选择器案例</title>
        <style type="text/css">
            // 将div中后代p的背景色设置为红色
            div p{background-color: red;}
        </style>
    </head>
    <body>
        <p>这是p标签</p>
        <div id="first">这是div
            <p>这是div中的p</p>
            <span>这是div中的span
                <p>这是div中的span包裹的p</p>
            </span>
        </div>
        <div>这是div标签</div>
    </body>
</html>
```

运行例11示例代码，页面效果如图2-19所示。

文本“这是div中的p”是id为first对应div后代中的第一代,文本“这是div中的span包裹的p”是id为first对应div后代中的第二代，从图2-19中可以看出，这些后代都被后代选择器的CSS样式所修饰。

实际上，对于后代选择器而言，无论是第一代、第二代还是第n代，只要标签选择器之间发生嵌套，后代标签都会被相应CSS样式修饰。

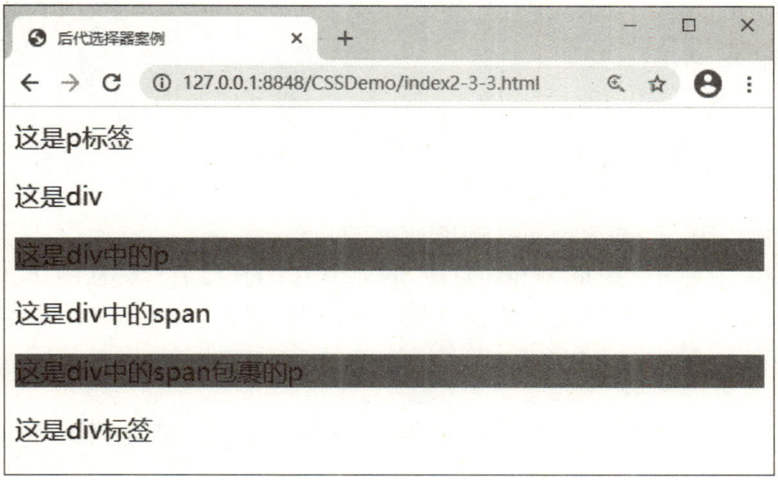

图 2-19　后代选择器的用法

4. 子元素选择器

子元素选择器在后代选择器的基础上，只选择后代中的第一代即直接后代，且两个标签选择器中间由大于号“>”分隔。若设置 A 为父元素，B 为子元素，则子元素选择器 CSS 样式生效的范围只在父元素 A 之后紧邻的第一代子元素 B，父元素 A 并不会应用 CSS 样式。其语法格式如下：

```
A>B
```

视频

子元素选择器

接下来通过一个案例来学习子元素选择器的使用，具体代码如例 12 所示。

例 12　子元素选择器的用法。

```
<!DOCTYPE html>
<html>
    <head>
        <meta charset="utf-8" />
        <title> 子元素选择器案例 </title>
        <style type="text/css">
            // 将 div 中子元素 p 的背景色设置为红色
            div>p{background-color: red;}
        </style>
    </head>
    <body>
        <p> 这是 p 标签 </p>
        <div id="first"> 这是 div
            <p> 这是 div 中的第一个 p</p>
            <span> 这是 div 中的 span
                <p> 这是 div 中的 span 包裹的 p</p>
```

```
                </span>
                <p>这是 div 中的第二个 p</p>
            </div>
            <div>这是 div 标签 </div>
        </body>
    </html>
```

运行例 12 示例代码，页面效果如图 2-20 所示。

文本“这是 div 中的 p”是 id 为 first 对应 div 后代中的直接后代，从图 2-20 中可以看出，只有直接后代对应的文本内容被子元素选择器的 CSS 样式所修饰。

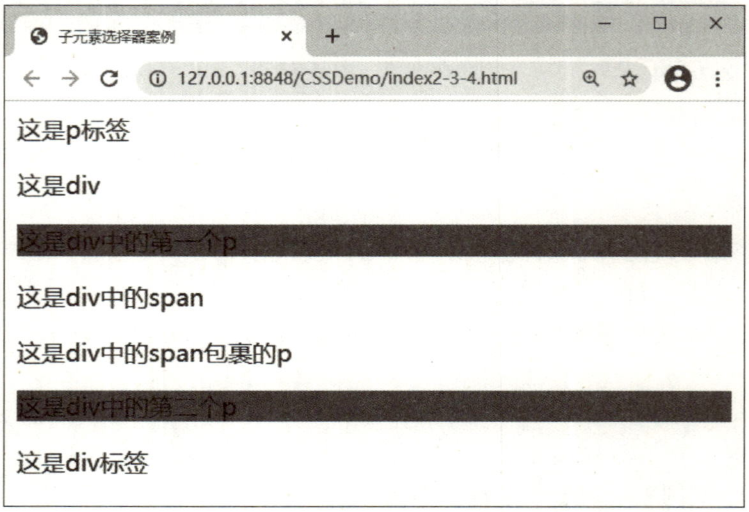

图 2-20　子元素选择器的用法

5. 相邻兄弟选择器

相邻兄弟选择器具有相同的父元素，它们通常由标签选择器组成，且两个标签选择器中间由加号“+”分隔。若设置 A、B 为相邻兄弟元素，则 A 和 B 应该有相同父元素，但相邻兄弟选择器 CSS 样式生效的范围只在 A 之后紧邻的第一个 B,后面其他的 B 包括 A 在内都不会应用 CSS 样式。其语法格式如下：

```
A+B
```

接下来通过一个案例来学习相邻兄弟选择器的使用，具体代码如例 13 所示。

例 13　相邻兄弟选择器的用法。

```
<!DOCTYPE html>
<html>
    <head>
        <meta charset="utf-8" />
        <title>相邻兄弟选择器案例 </title>
```

```
        <style type="text/css">
            // 将 div 相邻兄弟元素 p 的背景色设置为红色
            div+p{background-color: red;}
        </style>
    </head>
    <body>
        <div> 这是 div01 标签 </div>
        <p> 这是 div01 后的第一个 p 标签 </p>
        <p> 这是 div01 后的第二个 p 标签 </p>
        <div> 这是 div02 标签 </div>
        <p> 这是 div02 后的第一个 p 标签 </p>
        <p> 这是 div02 后的第二个 p 标签 </p>
        <p> 这是 div02 后的第三个 p 标签 </p>
    </body>
</html>
```

以上代码选取了所有位于 <div> 元素后的第一个 <p> 元素，并将这第一个 <p> 元素背景色设置为红色。运行例 13 示例代码，页面效果如图 2-21 所示。

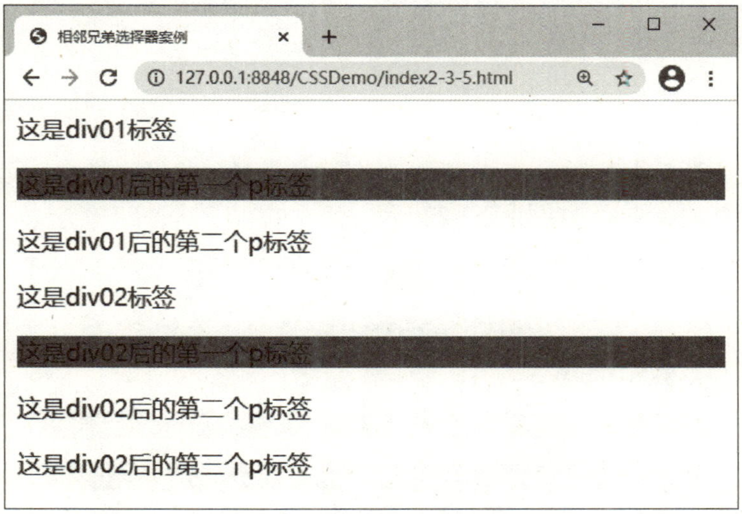

图 2-21　相邻兄弟选择器的用法

6. 普通兄弟选择器

普通兄弟选择器具有相同的父元素，它们通常由标签选择器组成，且两个标签选择器中间由波浪号“~”分隔。若设置 A、B 为普通兄弟元素，则 A 和 B 应该有相同父元素，普通兄弟选择器 CSS 样式生效的范围在 A 之后的所有 B，但 A 并不会应用 CSS 样式。其语法格式如下：

```
A~B
```

接下来通过一个案例来学习普通兄弟选择器的使用，具体代码如例 14 所示。

例 14 普通兄弟选择器的用法。

```
<!DOCTYPE html>
<html>
    <head>
        <meta charset="utf-8" />
        <title>普通兄弟选择器案例</title>
        <style type="text/css">
            // 将 div 普通兄弟元素 p 的背景色设置为红色
            div~p{background-color: red;}
        </style>
    </head>
    <body>
        <div>这是 div01 标签</div>
        <p>这是 div01 后的第一个 p 标签</p>
        <p>这是 div01 后的第二个 p 标签</p>
        <div>这是 div02 标签</div>
        <p>这是 div02 后的第一个 p 标签</p>
        <p>这是 div02 后的第二个 p 标签</p>
        <p>这是 div02 后的第三个 p 标签</p>
    </body>
</html>
```

以上代码选取了所有位于 <div> 元素后的所有 <p> 元素，并将这些 <p> 元素背景色设置为红色。运行例 14 示例代码，页面效果如图 2-22 所示。

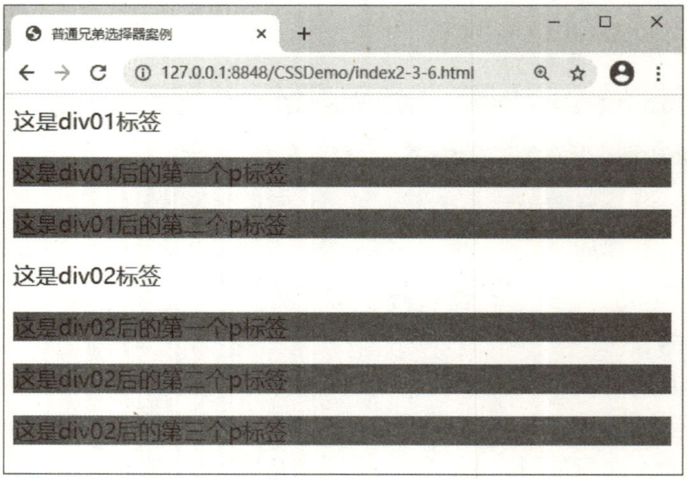

图 2-22 普通兄弟选择器的用法

7. 综合应用案例

使用 CSS 样式复合选择器，制作效果如图 2-23 所示。

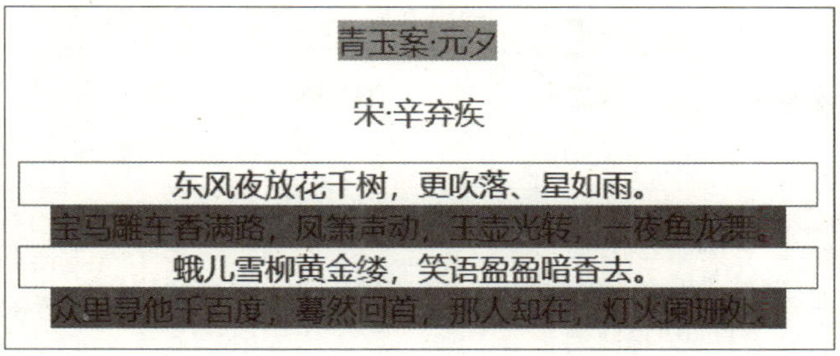

图 2-23　CSS 样式复合选择器综合案例

参考代码：

```
<DOCTYPE html>
<html>
    <head>
        <meta charset="utf-8" />
        <title>CSS 样式复合选择器案例代码 </title>
        <style type="text/css">
            div{text-align: center;}
            p{text-align: center;}
            div span{background-color: #00FFFF;}
            p span{color: #0000FF;}
            div.setBorder{border: 1px red solid;}
            div.setBgColor>span{background-color: red;}
        </style>
    </head>
    <body>
        <div><span> 青玉案 · 元夕 </span></div>
        <p><span> 宋 · 辛弃疾 </span></p>
        <div class="setBorder"> 东风夜放花千树，更吹落、星如雨。</div>
        <div class="setBgColor"><span> 宝马雕车香满路，凤箫声动，玉壶光转，一夜鱼龙舞。</
span></div>
        <div class="setBorder"> 蛾儿雪柳黄金缕，笑语盈盈暗香去。</div>
        <div class="setBgColor"><span> 众里寻他千百度，蓦然回首，那人却在，灯火阑珊处。
</span></div>
    </body>
</html>
```

2.3.4　使用 CSS 设置文本

1. 文本外观属性

CSS 样式的文本外观属性可用于设置文本颜色、字符间距、单词间距、行间距、文本方向、英文文本转换、文本装饰、首行缩进、文字阴影、对齐方式、空白符处理、文本溢出等效果。常用的文本外观属性见表 2-2。

表 2-2　常用文本外观属性

属　性	取　值	说　明
文本颜色 color	red，green，blue,gray 等	红、绿、蓝、灰等预定义颜色值
	#FF0000，#00FF00，#0000FF，#CCCCCC 等	红、绿、蓝、灰等颜色对应十六进制值
	rgb(255,0,0)，rgb(0,255,0)， rgb(0,0,255) 等	红、绿、蓝等颜色对应的 RGB 色彩模式
字符间距 letter-spacing	normal，2em，24px 等	定义字符间的间距，默认取值 normal 时字符间没有额外的空间，可以取不同单位的数值，且数值可以是负数
单词间距 word-spacing	normal，2em，24px 等	定义单词间的间距，默认取值 normal 时单词间为标准间距，可以取不同单位的数值，且数值可以是负数
行间距 line-height	2em，24px，120% 等	定义行与行之间的距离，取值单位可以为相对值 em、像素 px 和百分比 %
文本方向 direction	ltr（left-to-right）	默认文本方向为 ltr 从左向右，可以取值 rtl 即从右向左
	rtl（right-to-left）	
英文文本转换 text-transform	none	默认值，不转换文本大小写
	capitalize	每个单词首字母转换成大写字母
	lowercase	所有字母转换成小写形式
	uppercase	所有字母转换成大写形式
文本装饰 text-decoration	none	默认值，文本不装饰
	line-through	设置文本中间穿过删除线
	underline	设置文本底部下画线
	overline	设置文本顶部上画线
首行缩进 text-indent	2em，24px，120% 等	设置首行文本的缩进，可以取不同单位的数值，且数值可以是负数
文本阴影 text-shadow	h-shadow	水平阴影的位置，可以取负值
	v-shadow	垂直阴影的位置，可以取负值
	blur	阴影模糊的距离
	color	阴影的颜色
水平对齐方式 text-align	left	默认值，文本左对齐
	right	文本右对齐
	center	文本居中对齐
	justify	文本两端对齐

续表

属　性	取　值	说　明
垂直对齐方式 vertical-align	baseline	默认值，元素放在父元素基线上
	top	元素顶端与行中最高元素顶端对齐
	text-top	元素顶端与父元素字体顶端对齐
	middle	元素放置于父元素的中间
	bottom	元素底端与整行底端对齐
	text-bottom	元素底端与父元素字体底端对齐
空白符处理 white-space	normal	默认值，空白符被浏览器忽略
	pre	空白符被浏览器保留
	nowrap	文本不换行，一直遇到 为止
文本溢出 text-overflow	clip	修剪溢出文本，不显示省略标记“...”
	ellipsis	用省略标记“..”标识被修剪的文本，通常结合overflow:hidden;一起使用

接下来通过一个案例来学习文本外观属性的使用，为文本添加颜色、行间距、下画线并设置首行缩进和阴影效果，具体代码如例15所示。

例15　CSS样式美化文本。

```
<!DOCTYPE html>
<html>
    <head>
        <meta charset="utf-8" />
        <title>文本外观属性的使用 </title>
        <style type="text/css">
            // 设置文本颜色、行间距、下画线、首行缩进和阴影效果
            p{
                color: red;
                line-height: 20px;
                text-decoration: underline;
                text-indent: 2em;
                text-shadow: 10px 10px 10px #008000;
            }
        </style>
    </head>
    <body>
        <div style="text-align: center;">阿房宫赋 </div>
```

```
        <div style="text-align: center; font-size: 10px;">唐·杜牧</div>
        <p>六王毕，四海一；蜀山兀，阿房出。覆压三百余里，隔离天日。骊山北构而西折，直走咸阳。二川溶溶，流入宫墙。五步一楼，十步一阁；廊腰缦回，檐牙高啄；各抱地势，钩心斗角。盘盘焉，囷囷焉，蜂房水涡，矗不知其几千万落！长桥卧波，未云何龙？复道行空，不霁何虹？高低冥迷，不知西东。歌台暖响，春光融融；舞殿冷袖，风雨凄凄。一日之内，一宫之间，而气候不齐。</p>
        <p>妃嫔媵嫱，王子皇孙，辞楼下殿，辇来于秦，朝歌夜弦，为秦宫人。明星荧荧，开妆镜也；绿云扰扰，梳晓鬟也；渭流涨腻，弃脂水也；烟斜雾横，焚椒兰也。雷霆乍惊，宫车过也；辘辘远听，杳不知其所之也。一肌一容，尽态极妍，缦立远视，而望幸焉；有不见者，三十六年。</p>
        <p>燕、赵之收藏，韩、魏之经营，齐、楚之精英，几世几年，剽掠其人，倚叠如山。一旦不能有，输来其间。鼎铛玉石，金块珠砾，弃掷逦迤，秦人视之，亦不甚惜。</p>
        <p>嗟乎！一人之心，千万人之心也。秦爱纷奢，人亦念其家；奈何取之尽锱铢，用之如泥沙？使负栋之柱，多于南亩之农夫；架梁之椽，多于机上之工女；钉头磷磷，多于在庾之粟粒；瓦缝参差，多于周身之帛缕；直栏横槛，多于九土之城郭；管弦呕哑，多于市人之言语。使天下之人，不敢言而敢怒；独夫之心，日益骄固。戍卒叫，函谷举；楚人一炬，可怜焦土。</p>
        <p>呜呼！灭六国者，六国也，非秦也。族秦者，秦也，非天下也。嗟乎！使六国各爱其人，则足以拒秦；使秦复爱六国之人，则递三世可至万世而为君，谁得而族灭也？秦人不暇自哀，而后人哀之；后人哀之而不鉴之，亦使后人而复哀后人也。</p>
    </body>
</html>
```

运行例 15 示例代码，页面效果如图 2-24 所示。

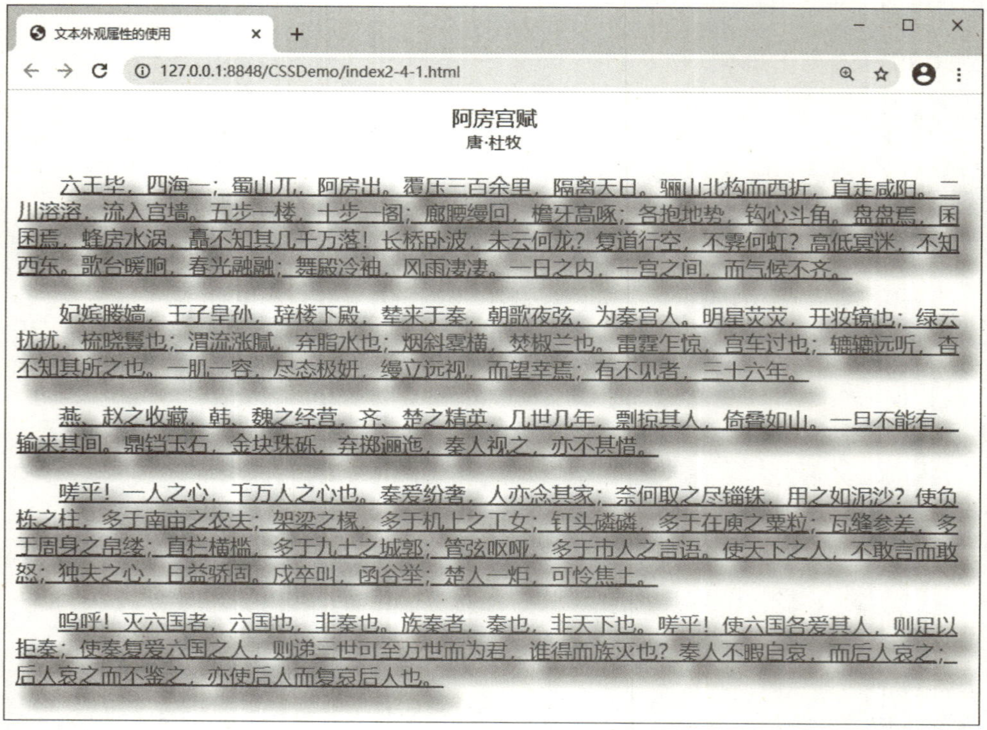

图 2-24　CSS 样式美化文本案例效果图

2. CSS 样式的层叠性

在 HTML 文件中，同一个标签可有多个 CSS 样式存在。当这些 CSS 样式的权重相同时，标签所应用的 CSS 样式会由其前后顺序所决定，处于最后面的 CSS 样式将被应用。

接下来通过一个案例，为同一个标签文本添加多个颜色属性，验证 CSS 样式的层叠性，具体代码如例 16 所示。

例 16　CSS 样式的层叠性。

```
<!DOCTYPE html>
<html>
    <head>
        <meta charset="utf-8" />
        <title>CSS 样式的层叠性 </title>
        <style type="text/css">
            p{color: red;}
            p{color: green;}
            p{color: blue;}
        </style>
    </head>
    <body>
        <p> 我们一起来学习网页设计基础课程吧！ </p>
    </body>
</html>
```

运行例 16 示例代码，页面效果如图 2-25 所示。

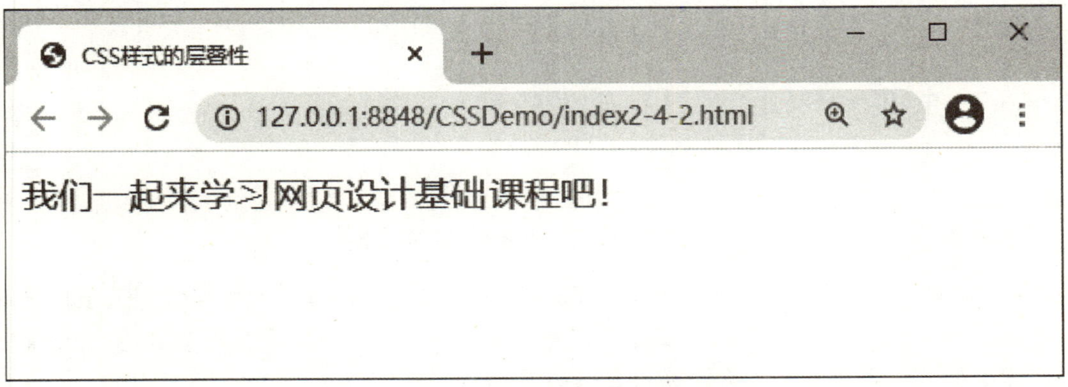

图 2-25　CSS 样式的层叠性效果图

在图 2-25 中，文本最终显示的颜色为蓝色，即同一个标签设置了多个相同属性时，处于最后的 CSS 样式将被应用。

3. CSS 样式的继承性

在 HTML 文件中，一个父元素标签嵌套另一个子元素标签，则子元素标签会自动继承父元素标签的 CSS 样式。但当子元素标签有自己的 CSS 样式时，将覆盖并代替父元素标签的 CSS 样式。

接下来通过一个案例，一个父元素标签嵌套另一个子元素标签，分别设置文本颜色属性，验证 CSS 样式的继承性，具体代码如例 17 所示。

例 17 CSS 样式的继承性。

```
<!DOCTYPE html>
<html>
    <head>
        <meta charset="utf-8" />
        <title>CSS 样式的继承性 </title>
        <style type="text/css">
            p{color: red;}
            span{color:green}
        </style>
    </head>
    <body>
        <p> 我们一起来学习 <span>《网页设计基础》</span> 课程吧！ </p>
        <p> 我们一起来学习 <block>《网页设计基础》</block> 课程吧！ </p>
    </body>
</html>
```

运行例 17 示例代码，页面效果如图 2-26 所示。

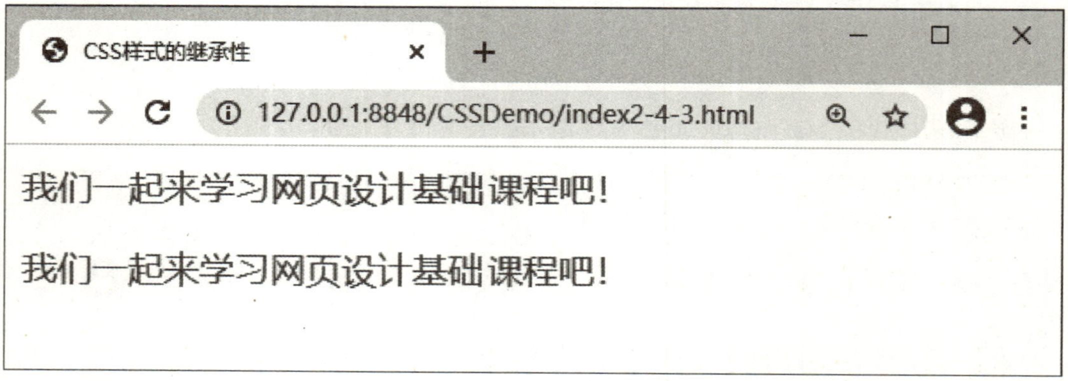

图 2-26　CSS 样式的继承性效果图

在图 2-26 中，第一行文本“网页设计基础”显示为绿色，span 子元素标签定义了自己的 CSS 样式，覆盖了 p 父元素标签的 CSS 样式；第二行文本“网页设计基础”显示为红色，block 子元素标签没有定义样式，继承 p 父元素标签的 CSS 样式。

4. CSS 样式的优先级

在定义 CSS 样式时，经常出现不止一个规则应用在同一元素上，这时就会出现优先级的问题。CSS 样式的优先级指的是 CSS 样式在浏览器中解析时对应的权重不同，优先级分为样式优先级、选择器优先级和“!important”。

（1）样式优先级：若同一个标签对应有外部样式、内部样式和内联样式这样的多重样式，则此时样式的优先级为：内联样式 > 内部样式 > 外部样式。

（2）选择器优先级：标签选择器权值为 1，class 选择器权值为 10，id 选择器权值为 100，内联样式为 1000。对于多个基本选择器构成的复合选择器，其权重为基本选择器的权值之和，实际应用权重最大的 CSS 样式规则。

接下来通过一个案例，将多个选择器设置不同的样式，验证 CSS 样式中的优先级，具体代码如例 18 所示。

视 频

CSS样式优先级

例 18 CSS 样式的优先级。

```
<!DOCTYPE html>
<html>
    <head>
        <meta charset="utf-8" />
        <title>CSS 样式的优先级 01</title>
        <style type="text/css">
            // 内部样式：权重 1
            p{color: red;}
            // 内部样式：权重 100
            #pID{color:green}
            // 内部样式：权重 10
            .pCls{color: blue;}
            // 内部样式：权重 100+1=101
            #pID span{color:yellow}
            // 内部样式：权重 100+10=110
            #pID .spanCls{color:skyblue}
        </style>
    </head>
    <body>
        <p id="pID" class="pCls">
            我们一起来学习
            <!-- 子元素标签有自己的 CSS 样式，覆盖父元素标签的样式 -->
            <span class="spanCls"> 网页设计基础 </span>
            课程吧！
        </p>
        <!-- 内联样式：权重 1000 -->
        <p style="color: black;">
            我们一起来唱
            <!-- 子元素标签有自己的 CSS 样式，覆盖父元素标签的样式 -->
            <block style="color: orangered;"> 中华人民共和国 </block>
            <em style="color: red;"> 国歌《义勇军进行曲》 </em>
            吧！
        </p>
    </body>
</html>
```

运行例 18 示例代码，页面效果如图 2-27 所示。

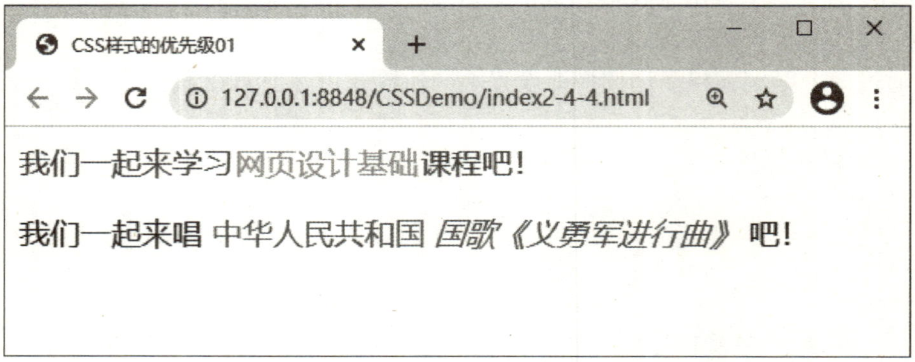

图 2-27 CSS 样式的优先级效果图

在图 2-27 中，第一行文本网页设计基础显示为 skyblue 天蓝色，其他文本显示为绿色，是因为在内部样式中 id 选择器 #pID 的权重最大，且在子元素标签 span 中内部复合样式“#pID .spanCls”权重为 110 相对较大，覆盖父元素标签的 CSS 样式；第二行文本父元素 p 标签内联样式优先级相对内部样式较大，文本显示为黑色，子元素 block 标签和 em 标签有自己的 CSS 样式，同样覆盖父元素标签的 CSS 样式。

（3）!important：可用来提升 CSS 样式的重要性，将选择器中指定属性的优先级设置为最高，需注意只能提升指定属性优先级，其他属性优先级不会发生改变。

接下来通过一个案例，验证 CSS 样式提升重要性，具体代码如例 19 所示。

例 19 CSS 样式优先级提升。

```
<!DOCTYPE html>
<html>
    <head>
        <meta charset="utf-8" />
        <title>CSS 样式的优先级 02</title>
        <style type="text/css">
            // 通过 !important 将 p 红色文本设置为最高优先级
            p{color: red!important;}
            p{color: blue;}
        </style>
    </head>
    <body>
        <p style="color:orange">
            我们一起来画中华人民共和国国旗五星红旗吧!
        </p>
    </body>
</html>
```

运行例 19 示例代码，页面效果如图 2-28 所示。

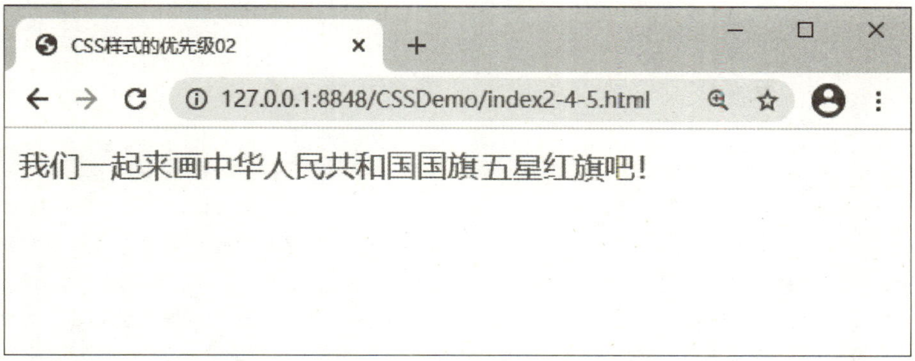

图 2-28　CSS 样式优选级提升效果图

在图 2-28 中，文本的颜色最终为红色。若不对 p 元素标签的红色提升重要性，则显示的颜色是橙色，设置重要性后，红色的优先级最高，所以文本显示为红色。

5. CSS 样式设置文本综合应用

使用 CSS 样式，制作效果如图 2-29 所示。

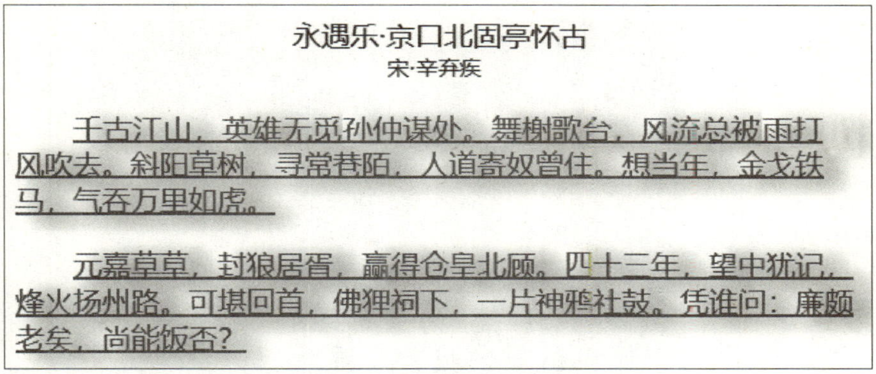

图 2-29　CSS 样式设置文本综合应用

参考代码：

```
<!DOCTYPE html>
<html>
    <head>
        <meta charset="utf-8" />
        <title>使用 CSS 设置文本案例代码</title>
        <style type="text/css">
            // 设置文本颜色、行间距、下画线、首行缩进和阴影效果
            p{
                color: blue;
                line-height: 20px;
                text-decoration: underline;
                text-indent: 2em;
                text-shadow: 0px 0px 1px red;
```

```
            }
        </style>
    </head>
    <body>
        <div style="text-align: center;">永遇乐 · 京口北固亭怀古</div>
        <div style="text-align: center; font-size: 10px;">宋 · 辛弃疾</div>
        <p style="color: orangered;">千古江山，英雄无觅孙仲谋处。舞榭歌台，风流总被雨打风吹去。斜阳草树，寻常巷陌，人道寄奴曾住。想当年，金戈铁马，气吞万里如虎。</p>
        <p style="color: orangered;">元嘉草草，封狼居胥，赢得仓皇北顾。四十三年，望中犹记，烽火扬州路。可堪回首，佛狸祠下，一片神鸦社鼓。凭谁问：廉颇老矣，尚能饭否？</p>
    </body>
</html>
```

2.3.5 使用 CSS 设置图片效果

制作如图 2-30 所示的效果。

视频

设置图片样式

图 2-30 使用 CSS 样式设置图片边框、宽高、替换文本等任务效果图

1. 图片常用格式

在网页中导入合适的图像格式非常重要，图片太大会造成载入速度缓慢，图片太小会导致不清晰影响用户体验。目前网页中常用的图片格式有 JPG、GIF 和 PNG 三种，其区别见表 2-3。

表 2-3 常用的图片格式

图片格式	后　缀	描　述
JPG	.jpg	JPG 采用有损压缩算法，将不易被人眼察觉的图像颜色删除，从而使图片占用空间小，适合于网页用图，但不适合被多次编辑
GIF	.gif	GIF 支持透明背景图像，适用于多种操作系统，占用空间小，可以是动画也可以是静止的图片，只支持 256 种颜色
PNG	.png	PNG 吸收了 JPEG 和 GIF 的优点，图片不失真，支持图像透明，比 JPEG 格式有更小的文档尺寸，也适合于网页用图

2. 使用相对路径引入图片

在 HTML 网页中任何元素的实现都要依靠 HTML 标签，图片的引入需使用 <img> 标签，其基本语法如下：

```
<img src=" 图片路径 " />
```

在插入图像时，需要通过绝对路径或相对路径指定图像文件的位置。绝对路径一般是指带有盘符的路径或完整的网络地址，例如“E:\ 网页设计基础 \ 使用 CSS 设置图片效果 \img\star.png”，但出于安全考虑，浏览器一般不允许 HTML 直接读取本地硬盘资源；相对路径指的是以 HTML 网页文件为起点，通过层级关系找到对应的图片文件。

在相对路径设置中，“./”代表当前目录，“../”代表当前目录的上一级目录。若图片和 HTML 网页文件在同一目录中，则可输入“图片名称”或“./ 图片名称”查找；如果图片在 HTML 网页文件的上一级目录中，则输入“../ 图片名称”即可查找相应图片。

接下来在 CSSDemo 项目中的 img 文件夹下导入“qlyf.png”图片，目录结构如图 2-31 所示。

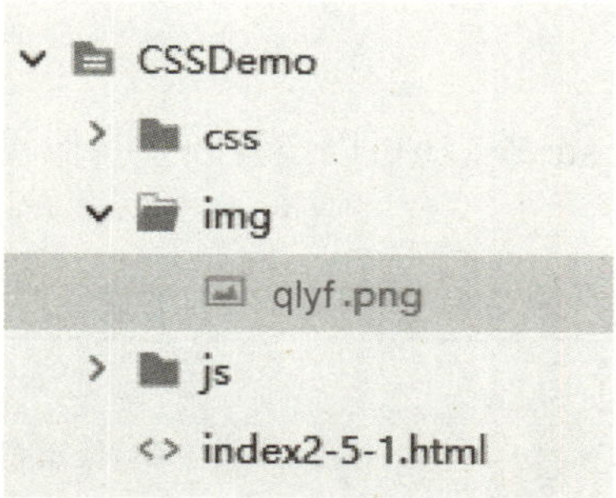

图 2-31　导入图片后的目录结构图

使用相对路径引入图片，具体代码如例 20 所示。

例 20　使用相对路径引入图片。

```
<!DOCTYPE html>
<html>
    <head>
        <meta charset="utf-8" />
        <title> 使用 img 标签导入图片 </title>
    </head>
    <body>
        <!-- 使用相对路径引入 " 全力以赴 " 图片 -->
        <img src="img/qlyf.png" />
        <img src="./img/qlyf.png" />
    </body>
</html>
```

运行例 20 示例代码，页面效果如图 2-32 所示。

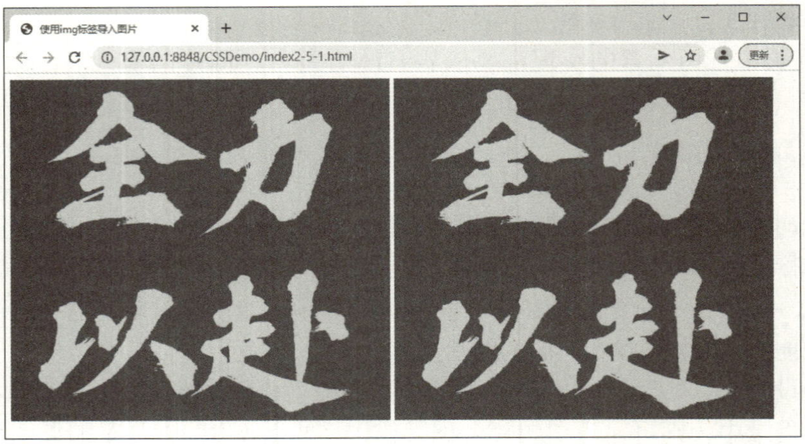

图 2-32　相对路径引入图片效果图

在图 2-32 中，由于两个 img 标签引入的图片路径相同，所以在浏览器中显示的是两张一样的图片。

3. 设置图片样式

在 img 标签中，除了必填属性 src 外，还可以设置一些其他属性，让图片具有不同的样式效果。常用的 img 标签属性见表 2-4。

表 2-4　常用的 img 标签属性

属　性	描　述
alt	图片替换文本，当网页加载速度过慢或浏览器版本过低等原因不能正常加载图片时，将在网页中显示此图片的替换文本
width	图片的宽度，默认为图片原始宽度，设置宽度值可改变图片比例
height	图片的高度，默认为图片原始高度，设置高度值可改变图片比例
border-width	图片的边框宽度，可指定长度值如 2px 或 1em，也可以指定关键字 thick（粗）、medium（中等）和 thin（细），默认值为 medium
border-color	图片的边框颜色，需和 border-style 属性一起使用，可设置 red、green、blue 等颜色值，#FF0000 和 #00FF00 等十六进制，rgb(255,0,0) 等 RGB 值
border-style	图片的边框样式，默认值为 none，可设置 dotted（点线边框）、dashed（虚线边框）、solid（实线边框）、double（双实线边框）等值
border-top	在图片顶部可单独设置边框宽度、颜色和样式等属性
border-bottom	在图片底部可单独设置边框宽度、颜色和样式等属性
border-left	在图片左侧可单独设置边框宽度、颜色和样式等属性
border-right	在图片右侧可单独设置边框宽度、颜色和样式等属性
border	在图片四周设置边框宽度、颜色和样式等属性

接下来通过一个案例，为引入的图片设置边框、宽高、替换文本等 CSS 样式，具体代码如例 21 所示。

例 21　设置图片样式。

```
<!DOCTYPE html>
<html>
    <head>
        <meta charset="utf-8" />
        <title>设置引入图片的 CSS 样式 </title>
        <style type="text/css">
            img{
                border-top: 2px red solid;
                border-bottom: 4px green double;
                border-left: 3px blue dotted;
                border-right: 5px orange dashed;
            }
        </style>
    </head>
    <body>
        <!-- 使用相对路径引入“全力以赴”图片 -->
        <img src="./img/qlyf.png" />
    </body>
</html>
```

运行例 21 示例代码，页面效果如图 2-33 所示。

图 2-33　设置引入图片的 CSS 样式效果图

在图 2-33 中，“全力以赴”图片顶部为 2px 宽度的红色单实线边框，底部为 4px 宽度的绿色双实线边框，左侧为 3px 的蓝色点线边框，右侧为 5px 的橙色虚线边框。

4. CSS 样式设置图片

设置图 2-34 所示的效果。

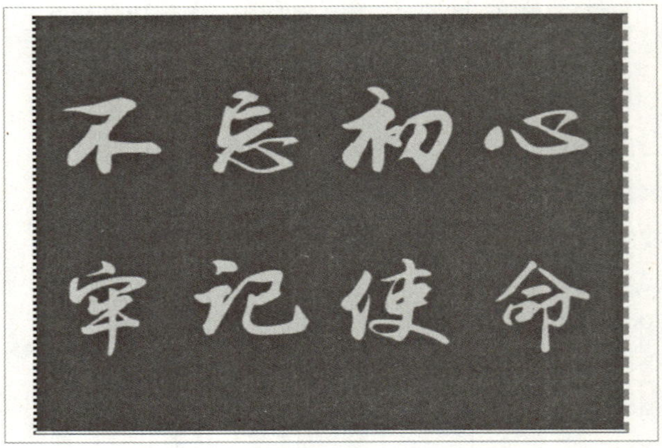

图 2-34　CSS 样式设置图片格式

参考代码：

```
<!DOCTYPE html>
<html>
    <head>
        <meta charset="utf-8" />
        <title>使用 CSS 设置图片效果案例代码</title>
        <style type="text/css">
            div{
                width: 600px;
                height: 400px;
                border: 1px #00FFFF solid;
                text-align: center;
            }
            img{
                width: 540px;
                height: 380px;
                margin-top: 7px;
                border-top: 2px red solid;
                border-bottom: 4px green double;
                border-left: 3px blue dotted;
                border-right: 5px orange dashed;
            }
        </style>
    </head>
    <body>
        <div>
```

```
            <img src="./img/bwcx.png" />
        </div>
    </body>
</html>
```

2.3.6　使用 CSS 美化表格

视 频

美化表格

1. 创建一个 3 行 3 列的表格 table，并设置表格内容和属性

在 HTML 网页中，创建表格的基本语法如下所示：

```
<table>
    <tr>
        <td> 单元格文字 </td>
        ...
    </tr>
    ...
</table>
```

在上面的语法中，<table></table> 标签、<tr></tr> 标签和 <td></td> 标签是创建表格必备的三个基本标签，其具体解释说明如下：

（1）<table></table> 标签用于定义表格，一个表格内只能有一对 <table></table> 标签。HTML 为表格标签提供了一些常用属性，用于控制表格的样式。

- border：设置表格的边框，默认值为 0。
- cellspacing：设置单元格与表格边框之间的间距，默认值为 20px。
- cellpadding：设置单元格内容与单元格边框之间的间距，默认值为 1px。
- align：设置表格的水平对齐方式，可选值有 left、right 和 center。
- width 和 height：设置表格的宽和高，默认由自身内容来支撑宽度和高度。
- bgcolor：设置表格的背景颜色。
- background：设置表格的背景图像。

（2）<tr></tr> 标签用于定义表格中的一行，此标签必须嵌套在 <table></table> 标签中，一对表格标签中可以有多对 <tr></tr> 标签。HTML 为行标签提供了一些常用属性，用于控制表格中每一行的样式。

- align：设置行内容的水平对齐方式，可选值有 left、right 和 center。
- valign：设置行内容的垂直对齐方式，可选值有 top、middle 和 bottom。
- height：设置行高，默认单位为 px。
- bgcolor：设置行内容的背景颜色。
- background：设置行内容的背景图像。

（3）<td></td> 标签用于定义表格中的单元格，此标签必须嵌套在 <tr></tr> 标签中，一对 <tr></tr> 标签中有多少对 <td></td> 标签，就表示该行标签中有多少列单元格。HTML 为单元格标签提供了一些常用属性，用于控制表格中的单元格样式。

- align：设置单元格内容的水平对齐方式，可选值有 left、right 和 center。
- valign：设置单元格内容的垂直对齐方式，可选值有 top、middle 和 bottom。
- width 和 height：设置单元格的宽和高，默认单位为 px。
- colspan：设置单元格横跨的列数，可用于合并水平方向的单元格。
- rowspan：设置单元格纵跨的行数，可用于合并垂直方向的单元格。
- bgcolor：设置行内容的背景颜色。
- background：设置行内容的背景图像。

接下来创建一个 3 行 3 列的表格 table，并设置表格内容和属性，具体代码如例 22 所示。

例 22 创建 3 行 3 列的表格并美化。

```
<!DOCTYPE html>
<html>
    <head>
        <meta charset="utf-8" />
        <title>创建表格并设置内容与属性</title>
    </head>
    <body>
        <table border="1" width="360" height="120" align="center">
            <tr height="30" align="left" valign="top" bgcolor="red">
                <td>第 1 行第 1 列</td>
                <td>第 1 行第 2 列</td>
                <td>第 1 行第 3 列</td>
            </tr>
            <tr height="30" align="center" valign="middle" bgcolor="green">
                <td>第 2 行第 1 列</td>
                <td>第 2 行第 2 列</td>
                <td>第 2 行第 3 列</td>
            </tr>
            <tr height="30" align="right" valign="bottom" bgcolor="blue">
                <td>第 3 行第 1 列</td>
                <td>第 3 行第 2 列</td>
                <td>第 3 行第 3 列</td>
            </tr>
        </table>
    </body>
</html>
```

运行例 22 示例代码，页面效果如图 2-35 所示。

在图 2-33 中，整个表格边框的宽度为 1px，第 1 行数据位于左上角且背景色为红色，第 2 行数据位于中间且背景色为绿色，第 3 行数据位于右下角同时背景色为蓝色。

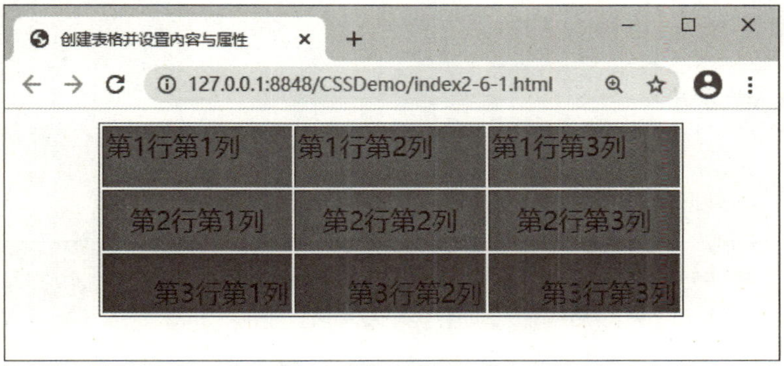

图 2-35　创建表格并美化的效果图

2. 在表格 table 中指定单元格进行水平合并与垂直合并

单元格 <td> 标签中有 colspan 属性用于合并水平方向（横跨列数）的单元格，还有 rowspan 属性用于合并垂直方向（纵跨行数）的单元格。

接下来创建在 3 行 3 列的表格 table 中，水平方向合并第 1 行第 1 列和第 1 行第 2 列的单元格，垂直方向合并第 2 行第 3 列和第 3 行第 3 列的单元格，具体代码如例 23 所示。

例 23　表格单元格合并样式设置。

```
<!DOCTYPE html>
<html>
    <head>
        <meta charset="utf-8" />
        <title> 合并单元格 </title>
    </head>
    <body>
        <table border="1" width="360" height="120" align="center">
            <tr height="30" align="left" valign="top" bgcolor="red">
                <!-- 将原表格第 1 行中的第 1 列和第 2 列合并为一列（单元格）-->
                <td colspan="2"> 第 1 行第 1/2 列 </td>
                <td> 第 1 行第 3 列 </td>
            </tr>
            <tr height="30" align="center" valign="middle" bgcolor="green">
                <td> 第 2 行第 1 列 </td>
                <td> 第 2 行第 2 列 </td>
                <!-- 将原表格第 2 行第 3 列和第 3 行第 3 列合并为一行（单元格）-->
                <td rowspan="2"> 第 2/3 行第 3 列 </td>
            </tr>
            <tr height="30" align="right" valign="bottom" bgcolor="blue">
                <td> 第 3 行第 1 列 </td>
                <td> 第 3 行第 2 列 </td>
                <!-- 第 3 行第 3 列合并之后，删除原有 <td> 标签及其内容 -->
                <!-- <td> 第 3 行第 3 列 </td> -->
```

```
            </tr>
        </table>
    </body>
</html>
```

运行例 23 代码，页面效果如图 2-36 所示。

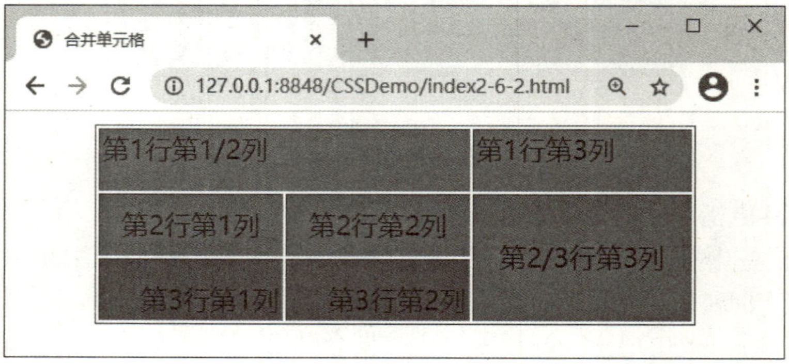

图 2-36　水平合并单元格与垂直合并单元格的效果图

在图 2-36 中，原表格第 1 行中的第 1 列和第 2 列合并为一列，原表格第 2 行第 3 列和第 3 行第 3 列合并为一行。

3. 在表格 table 中设置表头、定义表格标题、定义头部信息等结构

为使搜索引擎更好地理解 HTML 网页内容，在使用表格布局时可将表格划分为表头、表格标题、头部、主题和页脚等结构来定义网页中的不同内容，常用划分表格结构的标签如下。

（1）<th></th> 标签：为表格设置表头，默认效果为字体加粗。

（2）<caption></caption> 标签：定义表格标题，此标签必须紧跟在 <table></table> 标签后，每个表格只能有一个表格标题，通常标题会居中置于表格之上。

（3）<thead></thead> 标签：定义表格头部，此标签必须被包裹在 <table></table> 标签中，一般包含网页的导航或 logo 等信息。

（4）<tbody></tbody> 标签：定义表格主体，此标签需位于 <thead></thead> 标签之后，一般包含除表格头部和表格底部之外的其他内容。

（5）<tfoot></tfoot> 标签：定义表格底部页脚，此标签需位于 <thead></thead> 标签之后，一般包含企业信息等内容。

接下来通过以“班级课程表”为例，在表格中设置表头、标题、头部信息等结构，具体代码如例 24 所示。

例 24　制作“班级课程表”表格。

```
<!DOCTYPE html>
<html>
    <head>
        <meta charset="utf-8" />
        <title>设置表格结构</title>
    </head>
```

```
<body>
    <table border="1" width="360" height="120" align="center">
        <!-- 设置表格标题 -->
        <caption>班级课程表</caption>
        <!-- 设置表格头部信息 -->
        <thead>--设置表格结构的案例--</thead>
        <tr height="30" align="center" valign="middle">
            <!-- 设置表头，默认文本加粗显示 -->
            <th colspan="2">新生课表</th>
            <th>周一</th>
            <th>周二</th>
            <th>周三</th>
            <th>周四</th>
            <th>周五</th>
        </tr>
        <tr height="30" align="center" valign="middle">
            <th rowspan="4">上午</th>
            <th>第 1 节</th>
            <td>语文</td>
            <td>数学</td>
            <td></td>
            <td>物理</td>
            <td>化学</td>
        </tr>
        <tr height="30" align="center" valign="middle">
            <th>第 2 节</th>
            <td>英语</td>
            <td>物理</td>
            <td>化学</td>
            <td>语文</td>
            <td>数学</td>
        </tr>
        <tr height="30" align="center" valign="middle">
            <th>第 3 节</th>
            <td></td>
            <td>数学</td>
            <td>英语</td>
            <td></td>
            <td>化学</td>
        </tr>
        <tr height="30" align="center" valign="middle">
            <th>第 4 节</th>
```

```
                    <td>语文</td>
                    <td></td>
                    <td>英语</td>
                    <td>物理</td>
                    <td></td>
                </tr>
            </table>
        </body>
    </html>
```

运行例 24 示例代码，页面效果如图 2-37 所示。

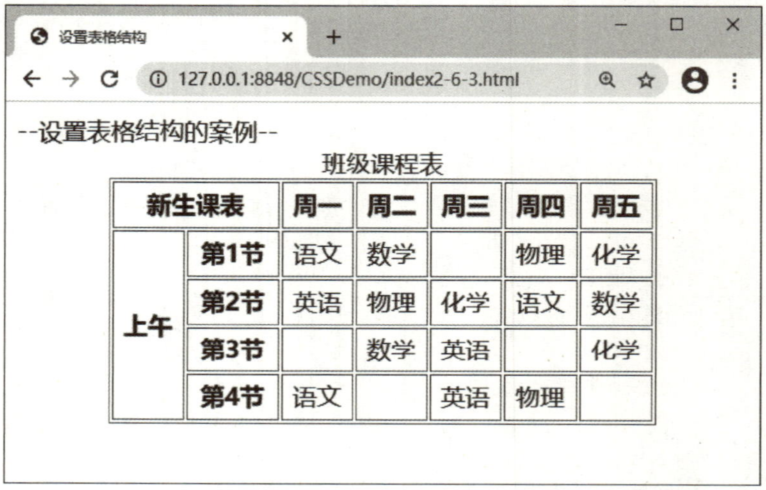

图 2-37　以“班级课程表”为例设置表格结构的效果图

在使用表格进行网页布局时，合理使用表格结构和表格标签元素，可以使数据信息看起来更加清晰明了，方便用户查阅。

4. 在表格 table 中设置 CSS 控制表格样式

在表格中使用 CSS 样式可以使 HTML 表格更美观，代码更简洁，不用重复在相同标签内写同样的样式。

接下来通过以“班级课程表”为例，单独设置 CSS 控制表格样式，具体代码如例 25 所示。

例 25　“班级课程表”的样式设置。

```
<!DOCTYPE html>
<html>
    <head>
        <meta charset="utf-8" />
        <title>设置 CSS 控制表格样式</title>
        <style type="text/css">
            table{
                width: 360px;
```

```
            height: 180px;
            // 设置表格margin属性值为auto，让表格水平居中
            margin: auto;
            border: red 1px solid;
            // border-collapse将边框合并
            border-collapse: collapse;
        }
        tr{
            height: 30px;
            text-align: center;
            vertical-align: middle;
        }
        td,th{
            border: red 1px solid;
        }
    </style>
</head>
<body>
    <table>
        <caption>班级课程表</caption>
        <thead>--设置表格结构的案例--</thead>
        <tr>
            <th colspan="2">新生课表</th>
            <th>周一</th>
            <th>周二</th>
            <th>周三</th>
            <th>周四</th>
            <th>周五</th>
        </tr>
        <tr>
            <th rowspan="4">上午</th>
            <th>第1节</th>
            <td>语文</td>
            <td>数学</td>
            <td></td>
            <td>物理</td>
            <td>化学</td>
        </tr>
        <tr>
            <th>第2节</th>
            <td>英语</td>
            <td>物理</td>
```

```
                    <td> 化学 </td>
                    <td> 语文 </td>
                    <td> 数学 </td>
                </tr>
                <tr>
                    <th> 第 3 节 </th>
                    <td></td>
                    <td> 数学 </td>
                    <td> 英语 </td>
                    <td></td>
                    <td> 化学 </td>
                </tr>
                <tr>
                    <th> 第 4 节 </th>
                    <td> 语文 </td>
                    <td></td>
                    <td> 英语 </td>
                    <td> 物理 </td>
                    <td></td>
                </tr>
            </table>
        </body>
    </html>
```

运行例 25 示例代码，页面效果如图 2-38 所示。

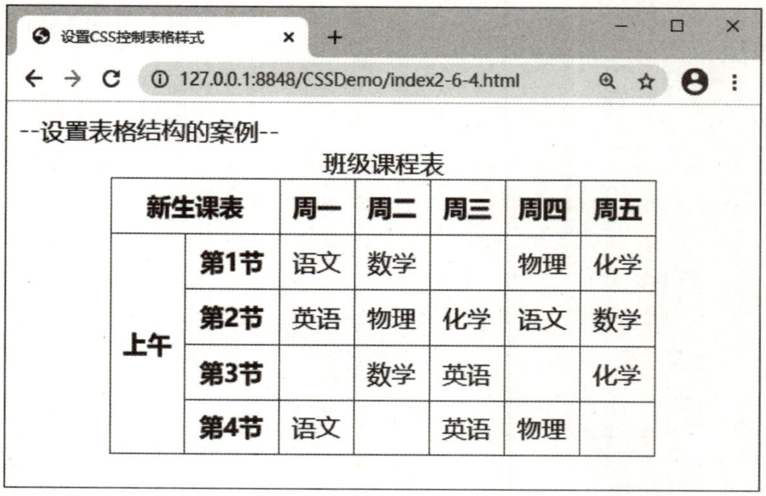

图 2-38　以“班级课程表”设置 CSS 控制表格样式的效果图

在设置 CSS 控制表格样式时，若不额外设置 <th> 标签和 <td> 标签的样式，则表格内部没有边框线。设置了内部边框线后，单元格之间会有重复的边框线，此时设置 border-collapse 属性值为

collapse 可将重复边框线合并。

视 频

共和国勋章获得者

5. CSS 控制表格样式综合应用

下面，我们将以表格形式显示“共和国勋章”获得者以及主要成就和事迹，如图 2-39 所示。

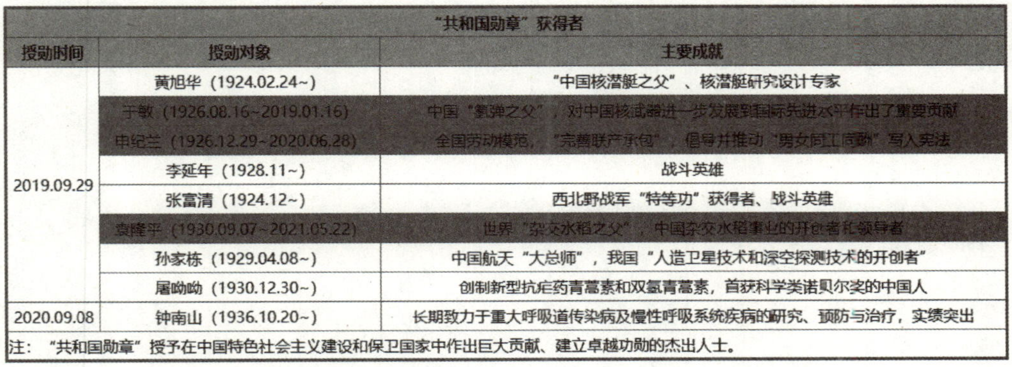

“共和国勋章”获得者		
授勋时间	授勋对象	主要成就
2019.09.29	黄旭华（1924.02.24~）	“中国核潜艇之父”、核潜艇研究设计专家
	于敏（1926.08.16~2019.01.16）	中国“氢弹之父”，对中国核武器进一步发展到国际先进水平作出了重要贡献
	申纪兰（1926.12.29~2020.06.28）	全国劳动模范，“完善联产承包”，倡导并推动“男女同工同酬”写入宪法
	李延年（1928.11~）	战斗英雄
	张富清（1924.12~）	西北野战军“特等功”获得者、战斗英雄
	袁隆平（1930.09.07~2021.05.22）	世界“杂交水稻之父”，中国杂交水稻事业的开创者和领导者
	孙家栋（1929.04.08~）	中国航天“大总师”，我国“人造卫星技术和深空探测技术的开创者”
	屠呦呦（1930.12.30~）	创制新型抗疟药青蒿素和双氢青蒿素，首获科学类诺贝尔奖的中国人
2020.09.08	钟南山（1936.10.20~）	长期致力于重大呼吸道传染病及慢性呼吸系统疾病的研究、预防与治疗，实绩突出
注：“共和国勋章”授予在中国特色社会主义建设和保卫国家中作出巨大贡献、建立卓越功勋的杰出人士。		

图 2-39　使用 CSS 控制表格样式制作“共和国勋章”获得者

参考代码：

```
<!DOCTYPE html>
<html>
    <head>
        <meta charset="utf-8" />
        <title>表格美化综合应用案例代码</title>
        <style type="text/css">
            table{
                width: 90%;
                height: 180px;
                // 设置表格 margin 属性值为 auto，让表格水平居中
                margin: auto;
                border: red 3px solid;
                // border-collapse 将边框合并
                border-collapse: collapse;
            }
            tr{
                height: 30px;
                text-align: center;
                vertical-align: middle;
            }
            th{
                background-color: orange;
            }
            td,th{
```

```
            border: red 1px solid;
        }
        .addBgColorPlus{
            background-color: orangered;
        }
    </style>
</head>
<body>
    <table>
        <tr>
            <th colspan="3">“共和国勋章”获得者</th>
        </tr>
        <tr>
            <th>授勋时间</th>
            <th>授勋对象</th>
            <th>主要成就</th>
        </tr>
        <tr>
            <td rowspan="8">2019.09.29</td>
            <td>黄旭华（1924.02.24~）</td>
            <td>“中国核潜艇之父”、核潜艇研究设计专家</td>
        </tr>
        <tr class="addBgColorPlus">
            <td>于敏（1926.08.16~2019.01.16）</td>
            <td>中国“氢弹之父”，对中国核武器进一步发展到国际先进水平作出了重要贡献</td>
        </tr>
        <tr class="addBgColorPlus">
            <td>申纪兰（1926.12.29~2020.06.28）</td>
            <td>全国劳动模范，“完善联产承包”，倡导并推动“男女同工同酬”写入宪法</td>
        </tr>
        <tr>
            <td>李延年（1928.11~）</td>
            <td>战斗英雄</td>
        </tr>
        <tr>
            <td>张富清（1924.12~）</td>
            <td>西北野战军“特等功”获得者、战斗英雄</td>
        </tr>
        <tr class="addBgColorPlus">
            <td>袁隆平（1930.09.07~2021.05.22）</td>
            <td>世界“杂交水稻之父”，中国杂交水稻事业的开创者和领导者</td>
        </tr>
```

```
            <tr>
                <td>孙家栋（1929.04.08~）</td>
                <td>中国航天“大总师”，我国“人造卫星技术和深空探测技术的开创者”</td>
            </tr>
            <tr>
                <td>屠呦呦（1930.12.30~）</td>
                <td>创制新型抗疟药青蒿素和双氢青蒿素，首获科学类诺贝尔奖的中国人</td>
            </tr>
            <tr>
                <td>2020.09.08</td>
                <td>钟南山（1936.10.20~）</td>
                <td>长期致力于重大呼吸道传染病及慢性呼吸系统疾病的研究、预防与治疗，实绩突出</td>
            </tr>
            <tr>
                <td colspan="3" style="text-align: left;">
                    注：“共和国勋章”授予在中国特色社会主义建设和保卫国家中作出巨大贡献、建立卓越功勋的杰出人士。
                </td>
            </tr>
        </table>
    </body>
</html>
```

2.3.7　使用 CSS 美化表单

在项目 1，我们学习了表单和表单元素的用法，制作了比较普通的表单。但网页设计和制作，不仅仅要求内容完整，更力求美观大方。本节内容将注重学习如何使用 CSS 样式美化表单。

1. 制作登录页面并美化

制作登录页面并美化，效果如图 2-40 所示。

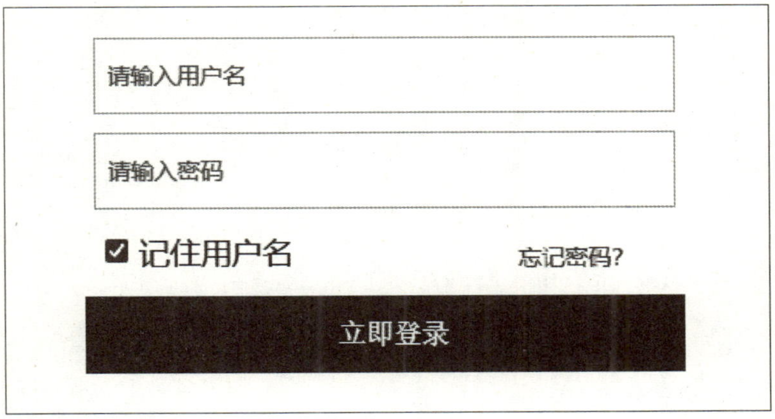

图 2-40　用户登录

视 频

美化表单1

视 频

美化表单2

参考代码：

```
<!DOCTYPE html>
<html>
    <head>
        <meta charset="utf-8">
        <title>使用 CSS 样式美化表单登录案例</title>
        <style type="text/css">
            * {
                margin: 0;
                padding: 0;
                border: 0;
            }
            body {
                line-height: 1.5;
        background: white;
        overflow-x: hidden;
    }
    a{
        text-decoration: none;
    }
    .form{
        width: 310px;
        text-align: center;
        padding-top: 23px;
        margin: auto;
    }
    .item{
        margin-bottom: 10px;
        position: relative;
        width: 100%;
        overflow: hidden;
    }
    .item .itxt {
        color: #333333;
        border: 1px solid #c8c8c8;
        height: 25px;
        line-height: 25px;
        padding: 6px 0 6px 6px;
        width: 293px;
        font-size: 12px;
    }
    .item4 span {
```

```
    float: left;
}
.item4 a{
    color: #595959;
    text-align: center;
    font-size: 12px;
    display: inline-block;
}
.items a {
    margin-left: 11px;
    color: #444444;
    font-family: "宋体";
    font-weight: bold;
    font-size: 12px;
    display: block;
    text-align: center;
    outline: 0;
    display: inline-block;
    background-color: #f6f6f6;
    border: 1px solid #c8c8c8;
    width: 117px;
    height: 38px;
    line-height: 38px;
    vertical-align: top;
}
.item4 .forget-pw-safe {
    float: right;
    padding-right: 26px;
    padding-top: 1px;
}
.login-btn a {
    display: block;
    width: 317px;
    height: 40px;
    color: #fff;
    line-height: 40px;
    background-color: #94193f;
    text-align: center;
    font-size: 14px;
    font-family: "宋体";
```

```
                font-weight: bold;
            }
            .jdcheckbox{
                margin-left: 10px;
            }
        </style>
    </head>
    <body>
        <div class="form">
            <form id="" action="" method="post">
                <div class="item">
                    <input class="itxt" name="username" placeholder="请输入用户
名" value="" tabindex="1">
                </div>
                <div class="item">
                    <input class="itxt" placeholder="请输入密码" name=
"password" id="password" type="password" tabindex="2">
                </div>
                <div class="item item4">
                    <div class="safe ClearFix">
                        <span>
                            <input tabindex="3" class="jdcheckbox" name="autoLog
in" id="autoLogin" checked="checked" type="checkbox">
                            <label for="autoLogin">记住用户名</label>
                        </span>
                        <span class="forget-pw-safe">
                            <a target="_blank" class="" href="">忘记密码? </a>
                        </span>
                    </div>
                </div>
                <div class="item">
                    <div class="login-btn">
                        <a tabindex="4" id="loginsubmit" class="btn-img btn-
entry" href="javascript:;">立即登录</a>
                   </div>
                </div>
            </form>
        </div>
    </body>
</html>
```

特别注意的是:在单击“记住用户名”复选框时，可以设计一个 Label 内容为“记住用户名”，让其 for 属性关联 CheckBox 复选框的 id，达到增加选择范围的目的，否则只有恰好选中复选框才能记住用户名

2. 制作购物车页面并美化

网上购物，购物车无处不见，下面我们将制作购物车并进行美化，效果如图 2-41 所示。

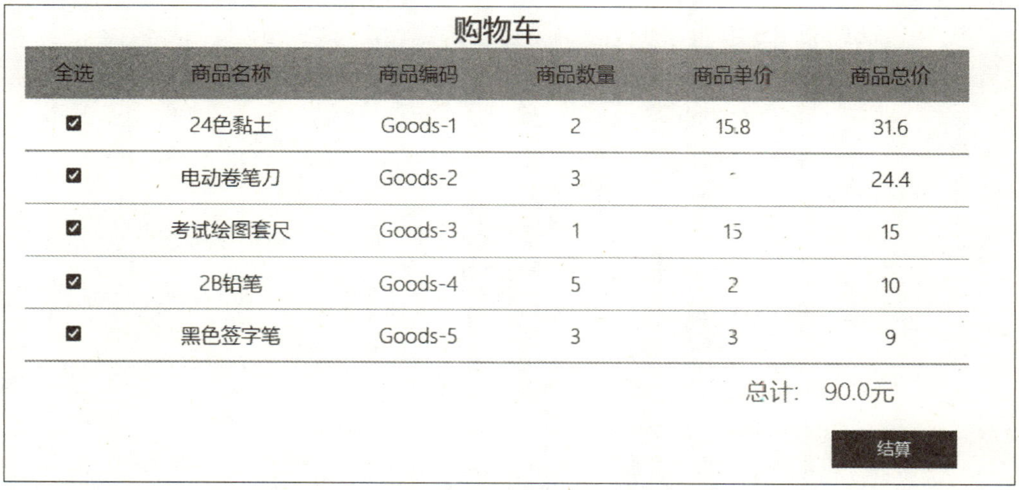

购物车

全选	商品名称	商品编码	商品数量	商品单价	商品总价
☑	24色黏土	Goods-1	2	15.8	31.6
☑	电动卷笔刀	Goods-2	3	[illegible]	24.4
☑	考试绘图套尺	Goods-3	1	15	15
☑	2B铅笔	Goods-4	5	2	10
☑	黑色签字笔	Goods-5	3	3	9

总计:　90.0元

结算

图 2-41　购物车页面

参考代码：

```
<!DOCTYPE html>
<html>
    <head>
        <meta charset="utf-8">
        <title>使用 CSS 样式美化表单购物车案例 </title>
        <style type="text/css">
            table {
                // 清空表格之间的间隙
                border-collapse: collapse;
                margin: 0 auto;
                text-align: center;
                width: 70%;
            }
            th,td {
                border-bottom: 1px solid #c2c0c0;
                // 设置文字与表格内的内边距
                padding: 10px;
                font-weight: lighter;
            }
```

```
        th {
            background-color: #B0C4DE;
        }
        tbody tr:hover {
            background-color: #F5F5F5;
        }
        tfoot td {
            border-bottom: none;
            color: red;
            font-size: 1.2rem;
        }
        button {
            // 设置按钮于右边父容器的距离
            margin-right: 10px;
            border: none;
            width: 100px;
            height: 30px;
            // 让按钮向右漂浮
            float: right;
            color: white;
            background-color: red;
        }
        button:hover {
            background-color: orangered;
        }
    </style>
</head>
<body>
    <form action="" method="post">
        <table>
            <caption style="font-size: 1.45rem;color: #2e28de;">
                购物车
            </caption>
            <thead>
                <tr>
                    <th> 全选 </th>
                    <th> 商品名称 </th>
                    <th> 商品编码 </th>
                    <th> 商品数量 </th>
                    <th> 商品单价 </th>
```

```
        <th> 商品总价 </th>
    </tr>
</thead>
<!-- 表格的主体部分 -->
<tbody>
    <tr>
        <td><input type="checkbox" checked="checked" /></td>
        <td>24 色黏土 </td>
        <td>Goods-1</td>
        <td>2</td>
        <td>15.8</td>
        <td>31.6</td>
    </tr>
    <tr>
        <td><input type="checkbox" checked="checked" /></td>
        <td> 电动卷笔刀 </td>
        <td>Goods-2</td>
        <td>3</td>
        <td>1</td>
        <td>24.4</td>
    </tr>
    <tr>
        <td><input type="checkbox" checked="checked" /></td>
        <td> 考试绘图套尺 </td>
        <td>Goods-3</td>
        <td>1</td>
        <td>15</td>
        <td>15</td>
    </tr>
    <tr>
        <td><input type="checkbox" checked="checked" /></td>
        <td>2B 铅笔 </td>
        <td>Goods-4</td>
        <td>5</td>
        <td>2</td>
        <td>10</td>
    </tr>
    <tr>
        <td><input type="checkbox" checked="checked" /></td>
        <td> 黑色签字笔 </td>
```

```
                        <td>Goods-5</td>
                        <td>3</td>
                        <td>3</td>
                        <td>9</td>
                    </tr>
                </tbody>
                <tfoot>
                    <tr>
                        <td colspan="5" align="right">总计:</td>
                        <td align="left">90.0 元</td>
                    </tr>
                </tfoot>
            </table>
            <div style="width: 70%; margin: 10px auto;">
                <button type="submit">结算</button>
            </div>
        </form>
    </body>
</html>
```

特别注意的是：在注册的时候需要对手机号、验证码、密码和邮箱的长度做限定，使其在合理的长度范围内输入。

3. 制作注册页面并美化

制作注册页面并美化，如图 2-42 所示。

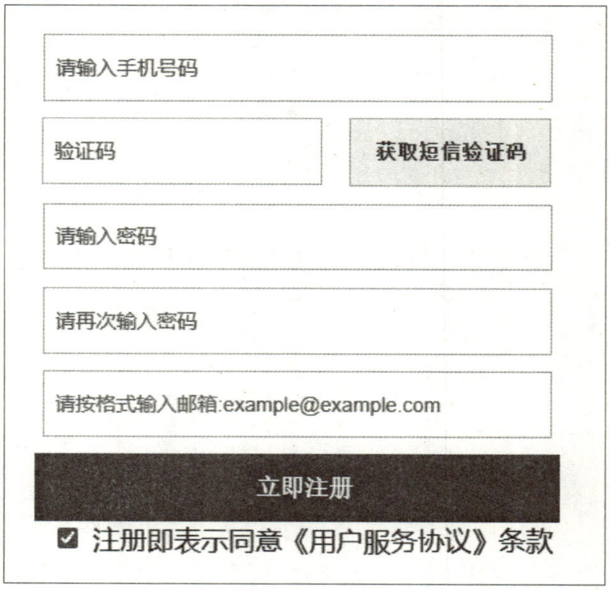

图 2-42　注册页面

参考代码：

```
<!DOCTYPE html>
<html>
    <head>
        <meta charset="utf-8">
        <title>使用 CSS 样式美化表单注册案例 </title>
        <style type="text/css">
            a {
                text-decoration: none;
            }
            .form {
                width: 310px;
                text-align: center;
                padding-top: 23px;
                margin: auto;
            }
            .item {
                margin-bottom: 10px;
                position: relative;
                width: 100%;
                overflow: hidden;
            }
            .item .itxt {
                color: #333333;
                border: 1px solid #c8c8c8;
                height: 25px;
                line-height: 25px;
                padding: 6px 0 6px 6px;
                width: 293px;
                font-size: 12px;
            }
            .items a {
                margin-left: 11px;
                color: #444444;
                font-family: " 宋体 ";
                font-weight: bold;
                font-size: 12px;
                display: block;
                text-align: center;
                outline: 0;
                display: inline-block;
                background-color: #f6f6f6;
                border: 1px solid #c8c8c8;
```

```
                width: 117px;
                height: 38px;
                line-height: 38px;
                vertical-align: top;
            }
            .login-btn a {
                display: block;
                width: 317px;
                height: 40px;
                color: #fff;
                line-height: 40px;
                background-color: #94193f;
                text-align: center;
                font-size: 14px;
                font-family: "宋体";
                font-weight: bold;
            }
            .jdcheckbox {
                margin-left: 10px;
            }
            .item .itxt_yzm {
                margin-left: 4px;
                width: 157px;
                float: left;
            }
        </style>
    </head>
    <body>
        <div class="form">
            <form id="register_form" method="post" action="">
                <div class="item">
                    <input placeholder="请输入手机号码" class="itxt" autocomplete="off"
tabindex="1" maxlength="11" name="mobile" id="mobile" type="text">
                </div>
                <div class="item items">
                    <input placeholder="验证码" maxlength="6" tabindex="2"
class="itxt itxt_yzm onfocustxt" name="mobile_code" id="mobile_code" type=
"text">
                    <a href="" class="ncm-btn ml5" tabindex="3">
                        <span id="sending" style="display:none">正在</span>
                        <span class="send_success_tips" style="display: none;">
                            <strong id="show_times" class="red mr5"></strong>
                        秒后再次获取</span>
```

```
                    <div id="hide_times">获取短信验证码</div>
                </a>
            </div>
            <div class=" item" >
                <input placeholder="请输入密码" tabindex="4" maxlength="20"
class="itxt" name="password" id="password"type="password">
            </div>
            <div class=" item" >
                <input placeholder="请再次输入密码" class="itxt" tabindex=
"5" maxlength="20" name="password_confirm"id="password_confirm" type="password">
            </div>
            <div class="item">
                <input placeholder="请按格式输入邮箱:example@example.com"
class="itxt" tabindex="6" maxlength="30">
            </div>
            <div class="item">
                <div class="login-btn">
                    <a id="loginsubmit" tabindex="7" class="btn-img btn-
entry" href="javascript:;">立即注册</a>
                </div>
                <div class="agree">
                    <input class="jdcheckbox" tabindex="8" name="agree"
id="agree" checked="checked"type="checkbox">
                    <label for="autoLogin">注册即表示同意<span><a href=""
target="_blank">《用户服务协议》</a></span>条款</label>
                </div>
            </div>
        </form>
    </div>
</body>
</html>
```

特别注意的是：在表单中嵌套表格，可以使购物车效果更符合实际情况，即每种商品都显示与之相对应的各种属性值。

2.3.8　使用 CSS 美化列表

在项目 1，我们学习列表的用法，制作普通的列表。但网页设计和制作，不仅仅要求内容完整，更力求美观大方。本节内容将注重学习如何使用 CSS 样式美化列表。

1. 列表标签的嵌套

在网页中使用列表时，列表项中可能会嵌套包含若干子列表项。无序列表、有序列表、定义列表之间可以相互嵌套。

接下来通过制作水果分类列表，效果如图 2-43 所示。

视频

美化复杂列表

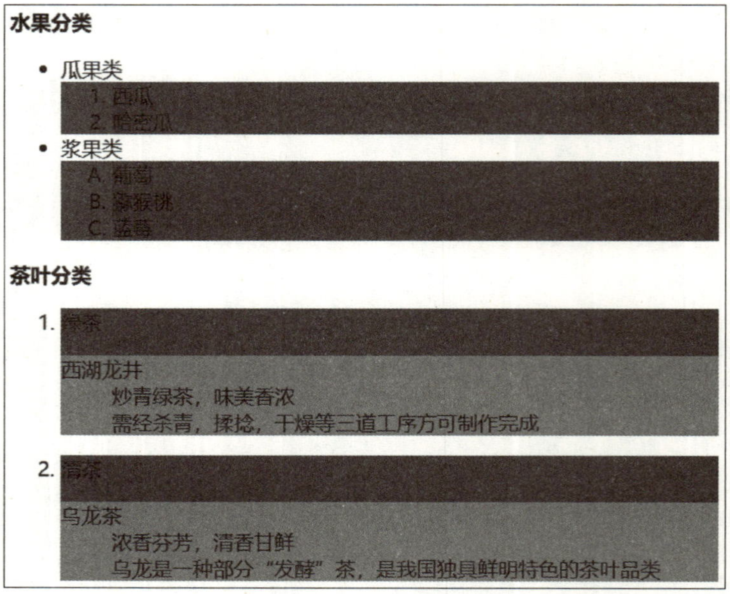

图 2-43　水果分类列表

参考代码：

```
<DOCTYPE html>
<html>
    <head>
        <meta charset="utf-8" />
        <title>列表嵌套使用案例</title>
        <style type="text/css">
            ol>li{
                background-color: #FF0000;
            }
            li>ol{
                background-color: orangered;
            }
            li>dl{
                background-color: orange;
            }
            p{
                font-weight: bold;
            }
        </style>
    </head>
    <body>
        <!-- 无序列表嵌套有序列表 -->
```

```
        <p>水果分类</p>
        <ul>
            <li>瓜果类
                <ol>
                    <li>西瓜</li>
                    <li>哈密瓜</li>
                </ol>
            </li>
            <li>浆果类
                <ol type="A">
                    <li>葡萄</li>
                    <li>猕猴桃</li>
                    <li>蓝莓</li>
                </ol>
            </li>
        </ul>
        <!-- 有序列表嵌套定义列表 -->
        <p>茶叶分类</p>
        <ol>
            <li>绿茶
                <dl>
                    <dt>西湖龙井</dt>
                    <dd>炒青绿茶，味美香浓</dd>
                    <dd>需经杀青，揉捻，干燥等三道工序方可制作完成</dd>
                </dl>
            </li>
            <li>清茶
                <dl>
                    <dt>乌龙茶</dt>
                    <dd>浓香芬芳，清香甘鲜</dd>
                    <dd>乌龙是一种部分“发酵”茶，是我国独具鲜明特色的茶叶品类</dd>
                </dl>
            </li>
        </ol>
    </body>
</html>
```

视频

美化列表

在图 2-43 中，列表间的相互嵌套每次都会产生缩进，注意不要嵌套层次过多，以免界面样式效果不美观。

2. 使用 CSS 样式设置一系列的列表样式属性

制作课程设置列表，如图 2-44 所示。

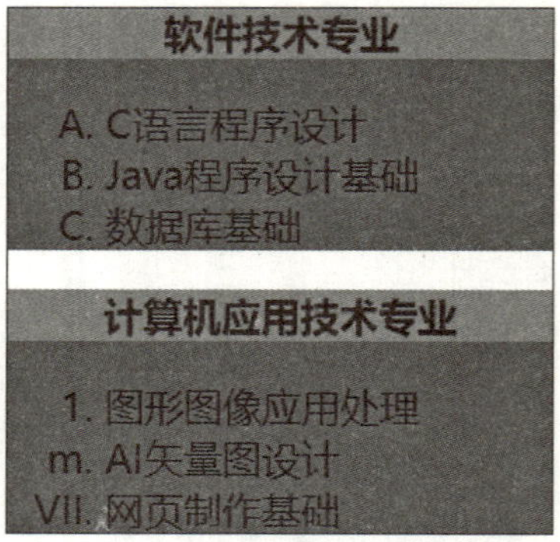

图 2-44　课程设置列表

在网页中定义无序列表和有序列表时，可通过标记的属性控制列表的项目符号，还可以通过 CSS 列表样式属性来控制项目符号的显示。CSS 列表样式常用属性取值和描述见表 2-5。

表 2-5　CSS 列表样式常用属性取值和描述说明

属　性	取　值	描　述
列表项符号 list-style-type	disc	无序列表，显示项目符号为“●”
	square	无序列表，显示项目符号为“■”
	circle	无序列表，显示项目符号为“○”
	decimal	有序列表，项目符号显示为具体的阿拉伯数字 1、2、3、10、100、1000 等值
	lower-alpha	有序列表，项目符号显示为小写英文字母 a、b、c、y、z 等值
	upper-alpha	有序列表，项目符号显示为大写英文字母 A、B、C、Y、Z 等值
	lower-roman	有序列表，项目符号显示为小写罗马数字 ⅰ、ⅱ、ⅲ等值
	upper-roman	有序列表，项目符号显示为大写罗马数字 Ⅰ、Ⅱ、Ⅲ等值
列表图像符号 list-style-image	url(源文件地址)	引入外部图像作为列表的项目符号，不建议选择过大的图片
列表项符号位置 list-style-position	inside	列表项目符号位于列表文本以内
	outside	列表项目符号位于列表文本以外

列表综合属性值 list-style 结合了列表项符号 list-style-type、列表项符号位置 list-style-position 和列表图像符号 list-style-image 三者的属性，通常按照列表项符号、列表项符号位置和列表图像符号的顺序书写，各样式之间用空格分开，不需要的样式可以省略不写。

参考代码：

```
<!DOCTYPE html>
<html>
    <head>
        <meta charset="utf-8" />
        <title> 使用 CSS 样式设置列表项符号 </title>
```

```
        <style type="text/css">
            .cls_1{
                list-style-type:upper-alpha;
            }
            .cls_2{
                list-style-type:decimal;
            }
            .clsDiv{
                width: 40%;
                background-color: orangered;
            }
            p{
                background-color: orange;
                font-weight: bold;
                text-align: center;
            }
        </style>
    </head>
    <body>
        <div class="clsDiv">
            <p>软件技术专业</p>
            <ol class="cls_1">
                <li>C语言程序设计</li>
                <li>Java程序设计基础</li>
                <li>数据库基础</li>
            </ol>
        </div>
        <div class="clsDiv">
            <p>计算机应用技术专业</p>
            <ol class="cls_2">
                <li>图形图像应用处理</li>
                <!-- 定义type属性为小写英文字母类型，value值为13 -->
                <li type="a" value="13">AI矢量图设计</li>
                <!-- 定义type属性为罗马数字类型，value值为7 -->
                <li type="I" value="7">网页制作基础</li>
            </ol>
        </div>
    </body>
</html>
```

在图2-44中，软件技术专业设置的列表项符号为大写英文字母且从A开始，计算机应用技术专业列表设置的列表项符号从数字1开始，由于行内式的优先级大于内嵌式，所以“AI矢量图设计”

的列表项编号为 m，“网页制作基础”的列表项编号为 VII。

3. 设置列表图像

制作西游记四大名著列表项，效果如图 2-45 所示。

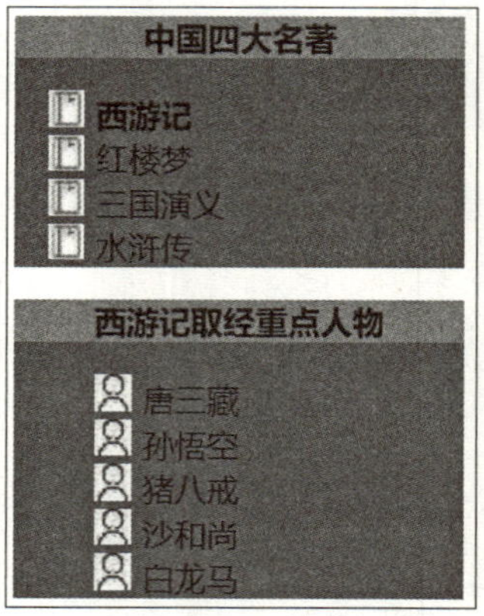

图 2-45　四大名著列表

参考代码：

```
<!DOCTYPE html>
<html>
    <head>
        <meta charset="utf-8" />
        <title>使用 CSS 控制列表样式 </title>
        <style type="text/css">
            .cls_01{
                list-style-position: outside;
                list-style-image: url(img/book.jpg);
            }
            .cls_02{
                list-style: inside url(img/person.jpg);
            }
            .clsDiv{
                width: 40%;
                background-color: orangered;
            }
            p{
                background-color: orange;
                font-weight: bold;
                text-align: center;
            }
            #xyj{
                font-weight: bold;
```

```
            }
        </style>
    </head>
    <body>
        <div class="clsDiv">
            <p>中国四大名著</p>
            <ul class="cls_01">
                <li id="xyj">西游记</li>
                <li>红楼梦</li>
                <li>三国演义</li>
                <li>水浒传</li>
            </ul>
        </div>
        <div class="clsDiv">
            <p>西游记取经重点人物</p>
            <ul class="cls_02">
                <li>唐三藏</li>
                <li>孙悟空</li>
                <li>猪八戒</li>
                <li>沙和尚</li>
                <li>白龙马</li>
            </ul>
        </div>
    </body>
</html>
```

在图 2-45 中，“中国四大名著”和“西游记取经重点人物”的列表项前面均有外部引入的图片作为列表项目符号，前者图片位于列表项文本外部，后者图片位于列表项文本内部。

2.3.9 Hack 原理在 CSS 样式中的应用

1. Hack 原理简介

在日常生活中，我们常用 Chrome、Firefox、Opera、IE、Safari 等浏览器在网页上搜索我们想要的数据信息。由于不同厂商的浏览器或同一浏览器的不同版本对 CSS 的支持和解析结果不同，导致相同的代码在不同浏览器中呈现的效果不同。为获得统一的页面效果，针对不同浏览器或相同浏览器的不同版本，我们写对应 CSS 编码样式的过程，称为 CSS Hack。

CSS Hack 根据 CSS 的优先级关系，以及不同浏览器差异化识别不同样式代码的特点，通过在 CSS 样式中加入一些不同浏览器可识别的特殊符号，编写不同的 CSS 样式解决不同浏览器的兼容问题。

2. CSS Hack 常见的三种形式

CSS Hack 有三种常见形式，分别为 CSS 选择器 Hack、CSS 属性 Hack 和 IE 条件注释 Hack。在实际项目中，CSS Hack 主要是针对 IE 浏览器不同版本之间表现差异而引入的。

（1）CSS 选择器 Hack：在 CSS 选择器前面加一些只有特定浏览器才能识别的 Hack 前缀以控制不同的 CSS 样式。针对不同版本的浏览器，CSS 选择器 Hack 常用分类见表 2-6。

表 2-6　CSS 选择器 Hack 常用分类

CSS 选择器 Hack 语法	描　述
* html 选择器 { 样式代码 }	“*”前缀只对 IE 6 及 IE 6 以下版本生效
*+html 选择器 { 样式代码 }	“*+”前缀只对 IE 7 版本生效
@media screen\0{ 样式代码 }	只对 IE 8、IE 9、IE 10 版本生效

如果需要在不同版本的浏览器中实现相同的显示效果，则可以使用相应的选择器 Hack。

（2）CSS 属性 Hack：在 CSS 样式属性名前面加一些只有特定浏览器才能识别的 Hack 前缀以控制不同的 CSS 样式来达到页面的预期效果。CSS 属性 Hack 常用分类见表 2-7。

表 2-7　CSS 属性 Hack 常用分类

CSS 属性 Hack 语法	描　述
* 或 + 属性	“*”或“+”前缀只对 IE 7 及 IE 7 以下版本生效
- 属性	“-”前缀只对 IE 6 及 IE 6 以下版本生效
_ 属性	下划线“_”前缀对 IE 6、IE 7、IE 8、IE 9 版本生效
属性 : 值 \0	在属性值后面加“\0”对 IE 8、IE 9、IE 10、IE 11 版本生效
属性 : 值 \9\0	在属性值后面加“\9\0”对 IE 9、IE 10 版本生效

如果需要在不同版本的浏览器中实现相同的显示效果，还可以使用相应的属性 Hack。

（3）IE 条件注释 Hack：是 IE 浏览器的专属 Hack，不能在 CSS 文件中使用，在其他浏览器中会被当做注释略过。IE 条件注释 Hack 常用分类见表 2-8。

表 2-8　IE 条件注释 Hack 常用分类

IE 条件注释 Hack 语法	描　述
<!--[if IE]> 只在 IE 浏览器显示 <![endif]-->	只在 IE 浏览器中生效
<!--[if IE 6]> 只在 IE 6 浏览器显示 <![endif]-->	只在 IE 6 浏览器中生效
<!--[if gte IE 6]> 在 IE 6 及以上浏览器生效 <![endif]-->	在 IE 6 及以上浏览器生效
<!--[if !IE 9]> 不在 IE 9 浏览器中生效 <![endif]-->	不在 IE 9 浏览器中生效
<!--[if !IE]> 不在 IE 浏览器显示 <![endif]-->	在非 IE 浏览器中生效

3. 通过 CSS 属性 Hack 控制不同浏览器使用不同的 CSS 样式

对于同一段代码，不同的浏览器有不同的显示结果。接下来用一个案例讲解通过 CSS 属性 Hack 控制不同浏览器显示不同的 CSS 样式。

参考代码：

```
<DOCTYPE html>
<html>
    <head>
        <meta charset="utf-8" />
        <title>Hack 原理在 CSS 样式中的使用 </title>
        <style type="text/css">
            p{
                // 所有浏览器生效
                background: red;
                // IE8、IE9、IE10、IE11 浏览器生效，触发 CSS 层叠性
                background: blue\0;
            }
        </style>
    </head>
    <body>
        <p>Hello World</p>
    </body>
</html>
```

运行示例代码，在 Chrome 浏览器中，页面效果如图 2-46 所示。在 IE 浏览器中，页面效果如图 2-47 所示。

图 2-46　在 Chrome 浏览器中的效果图

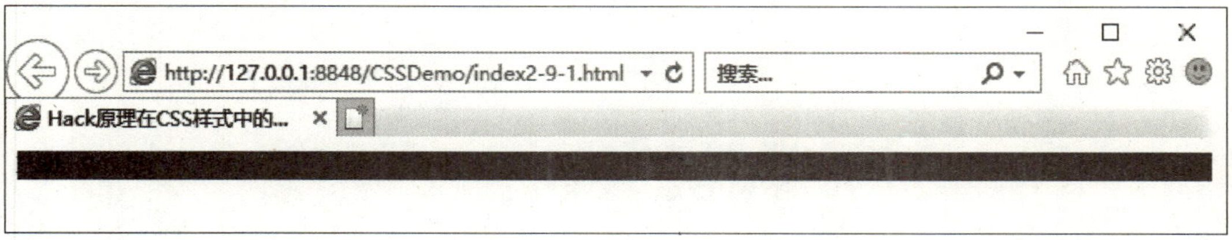

图 2-47　在 IE 浏览器中的效果图

Hack 原理在 CSS 样式中的使用案例中，所有浏览器默认背景色为红色，但在 IE 浏览器中会触发 CSS 层叠性，颜色从红色变成蓝色。

2.4 项目实施

2.4.1 需求分析

购物网站可以让我们足不出户购买到自己喜欢的商品。“欢乐购”购物网站包含三个主要页面，即用户注册页面、用户登录页面和用户中心页面。

2.4.2 项目组织

学生独自选材，独立完成。

2.4.3 项目流程

1. 素材收集整理

将注册页面、登录页面、用户中心页面所需的图片复制到所创建项目的 img 目录中，明确购物网站所需的图片资源，填写表 2-9。

表 2-9　项目准备记录表

日期	
完成人	
搜集素材	

2. 项目编码

下面展示该项目完成的关键代码，仅供参考。

关键代码 1：

```
<form id="register_form" method="post" action="">
    <div class="item">
        <input placeholder="请输入手机号码" class="itxt" autocomplete="off"
tabindex="1" maxlength="11" name="mobile" id="mobile" type="text">
        <div class="err_box">
            <div class="err_msg2" style="display: none;" id="error_mobile">请
输入 11 位手机号码</div>
        </div>
    </div>
    <div class="item items">
        <input placeholder="验证码" maxlength="6" tabindex="3" class="itxt
itxt_yzm onfocustxt" name="mobile_code" id="mobile_code" type="text">
        <a href="" class="ncm-btn ml5" tabindex="2">
            <span id="sending" style="display:none">正在</span>
            <span class="send_success_tips" style="display: none;">
            <strong id="show_times" class="red mr5"></strong>秒后再次获取</span>
```

```
<div id="hide_times">获取短信验证码</div>
        </a>
        <div class="err_box">
            <div class="err_msg2" style="display: none;">请输入发送给您手机上的验
证码</div>
        </div>
    </div>
    <div class="item item2">
        <input placeholder="请输入密码" tabindex="4" maxlength="20" class=
"itxt" name="password" id="password" type="password">
        <div class="err_box">
            <div class="err_msg2" style="display: none;" id="error_password">
请输入您的密码，您的密码可能为字母、数字或符号组合</div>
        </div>
    </div>
    <div class="item item2">
        <input placeholder="请再次输入密码" class="itxt" tabindex="5" maxlength=
"20" name="password_confirm" id="password_confirm" type="password">
        <div class="err_box">
            <div class="err_msg2" style="display: none;" id="error_password_
confirm">请输入您的密码，您的密码可能为字母、数字或符号组合</div>
        </div>
    </div>
    <div class="item item3">
        <input placeholder="验证码" autocomplete="off" tabindex="6" maxlength=
"4" size="10" class="itxt itxt_yzm" name="code" id="code" type="text">
        <div class="err_box">
            <div class="err_msg2" style="display: none;" id="error_captcha">请
输入右侧验证码</div>
        </div>
    </div>
    <div class="item item5">
        <div class="login-btn">
            <a id="loginsubmit" tabindex="7" class="btn-img btn-entry"
href="javascript:;">立即注册</a>
        </div>
        <div class="agree">
            <input class="jdcheckbox" tabindex="8" name="agree" id="agree"
checked="checked" type="checkbox">
            <label for="autoLogin">注册即表示同意欢乐购<span><a href="" target="_
blank">《用户服务协议》</a></span>条款</label>
        </div>
```

```
    </div>
</form>
```

注册页面 register.html 根据图 2-1 的页面效果，选择合适的标签并添加文本，并创建 form 表单，单击提交时，若“手机号码”“验证码”“密码”等信息不符合填写要求，则在页面中给出相应提示。对标签选择器、id 选择器、class 选择器设置 CSS 样式，使注册页面美观得体。

关键代码 2：

```
<form id="" action="" method="post">
    <div class="item">
    <input class="itxt" nam="username" placeholder="已验证手机/邮箱/用户名" value="" >
        <div class="err_box">
            <div class="err_msg2" style="display: none;">登录名可能是您的手机号、
邮箱或用户名
            </div>
        </div>
    </div>
    <div class="item">
        <input class="itxt" placeholder="请输入密码" name="password" id=
"password" type="password">
        <div class="err_box">
            <div class="err_msg2" style="display: none;">您的密码可能为字母、数字
或符号的组合</div>
        </div>
    </div>
    <div class="item">
        <input placeholder="验证码" autocomplete="off" maxlength="4" size="10"
name="code" class="itxt itxt_yzm onfocustxt" tabindex="3" type="text">
        <div class="err_box">
            <div class="err_msg2" style="display: none;" id="error_captcha">请
输入右侧验证码，不区分大小写</div>
        </div>
    </div>
    <div class="item item4">
        <div class="safe ClearFix">
            <span>
            <input tabindex="4" class="jdcheckbox" name="autoLogin" id="au
toLogin" checked="checked" type="checkbox">
            <label for="autoLogin">记住用户名</label>
            </span>
            <span class="forget-pw-safe">
                <a target="_blank" class="" href="">忘记密码？</a>
            </span>
```

```
        </div>
    </div>
    <div class="item">
        <div class="login-btn">
            <a tabindex="6" id="loginsubmit" class="btn-img btn-entry"
href="javascript:;">立即登录</a>
        </div>
    </div>
</form>
```

登录页面 login.html 根据图 2-2 的页面效果，选择合适的标签并添加文本，创建 form 表单，通过 input 标签接收用户输入的数据，当填入的数据不符合要求时，在页面中给出相应提示。

关键代码 3：

```
<table class="order_table">
    <thead class="thead">
        <tr>
            <td class="padding_40">
                <div class="select_div">
                    <div class="select_h2">
                        <span>近三月的订单</span>
                        <b></b>
                    </div>
                    <div class="select_list">
                        <ul>
                            <li data-name="近三月的订单" class="cur">
                                <a href=""><b></b>近三月的订单</a>
                            </li>
                            <li data-name="近半年的订单" class="">
                                <a href=""><b></b>半年的订单</a>
                            </li>
                            <li data-name="最近一年的订单" class="">
                                <a href=""><b></b>最近一年的订单</a>
                            </li>
                        </ul>
                    </div>
                </div>
            </td>
            <td>订单金额</td>
            <td>交易状态</td>
            <td>交易操作</td>
```

```
        </tr>
    </thead>
    <tbody>
        <!-- 单号 时间 -->
        <tr class="tr_top">
            <td colspan="6">
                <span class="number">订单号：<a target="_blank" href="">
340517399129797757</a></span>
                <span class="dealtime" title="下单时间">下单时间：2020-05-24
09:58:49</span>
            </td>
        </tr>
        <!-- 单号 时间 -->
        <!-- 订单商品 -->
        <tr class="tr_bd">
            <td class="goods-item">
                <div class="p-img">
                    <a href="" target="_blank">
                        <img class="" src="image/true_1.jpg" title=""
height="60" width="60">
                    </a>
                </div>
                <div class="p-msg">
                    <div class="p-name">
                        <a href="" class="a-link" target="_blank" title="">娜
露可 迷迭香防晒 3 支装</a>
                    </div>
                </div>
            </td>
            <td>
                <div class="goods_price">¥199.00</div>
            </td>
            <td>
                <div class="goods-number">x1</div>
            </td>
            <td rowspan="1">
                <div class="amount"><span>¥199.00</span><br>(免运费)<br>在线
支付</div>
            </td>
            <td rowspan="1">
```

```
                    <div class="status">
                        <span class="order-status"><span style="color:#999"> 已取消
</span></span><br>
                        <a href="" target="_blank"> 订单详情 </a>
                    </div>
                </td>
                <td rowspan="1">
                    <div class="operate">
                        <p><a href="#" class="btn-del"><i class="icon-trash"></i>
删除 </a></p>
                    </div>
                </td>
            </tr>
            <!-- 订单商品 -->
        </tbody>
</table>
```

用户中心页面 usercenter.html 根据图 2-3 的页面效果，选择合适的标签并添加文本，设置顶部导航、搜索框、头部菜单栏、左侧菜单栏、用户头部数据、订单信息、分页信息、底部信息等区域。

3. 项目验收

项目完成后，填写表 2-10。

表 2-10　项目总结

项目完成人	
项目完成所用时间	
项目效果	
改进之处	

习题

一、选择题

1. 网页元素不包括（　　）。

A. 文字　　B. 图片　　C. 界面　　D. 视频

2. 在 HTML 中，使用 <img> 标签插入图像，下列选项关于 <img> 的 src 属性说法正确的是（　　）。

A. 用来设置图片文件的格式

B. 用来设置图片文件所在的位置

C. 用来设置鼠标指向图片时显示的文字

D. 用来设置图片周围显示的文字

3. 以下关于 DIV+CSS 布局的说法正确的是（　　）。

A. DIV+CSS 布局，具有简洁高效、内容样式分离并且利于改版等特点

B. DIV+CSS 布局这个概念说明布局过程中全部使用 <div> 标签实现

C. DIV+CSS 布局不能与表格布局同时使用

D. DIV+CSS 布局出现以后，其他的布局方式就被淘汰了

4. 下面关于 CSS 表述错误的是（　　）。

A. CSS 是一种制作网页的新技术，现在已经为大多数的浏览器所支持，成为网页设计必不可少的工具之一

B. 层叠样式表是 HTML 的辅助工具，缺点是设计者设计的网页缺少动感，网页内容的排版布局上也有很多困难

C. 使用 CSS 能够简化网页的格式代码，加快下载显示的速度，也减少了需要上传的代码数量，大大减少了重复劳动的工作量

D. CSS 是 Cascading Stylesheets 的缩写，中文意思是层叠样式表

5. 以下标签中，用于设置页面标题的是（　　）。

A. <title>　　B. <caption>　　C. <head>　　D. <html>

6. 在 HTML 页面中，调用外部样式表的方法是（　　）。

A. <style rel="stylesheet" type="text/css" href=" 外部样式表地址 " />

B. <link rel="stylesheet" type="text/css" href=" 外部样式表地址 " />

C. <style rel="stylesheet" type="text/css" link=" 外部样式表地址 " />

D. <link rel="stylesheet" type="text/css" style=" 外部样式表地址 " />

7. 在 HTML 中，以下关于样式表的优点描述不正确的是（　　）。

A. 实现内容和表现的分离　　B. 页面布局更加灵活

C. 有利于提高网页浏览速度　　D. 不利于搜索引擎搜索

8. 下列 CSS 语法结构，完全正确的是（　　）。

A. p{font-size:12;color:red;}　　B. p{font-size:12;color:#red;}

C. p{font-size:12px;color:red;}　　D. p{font-size:12px;color:#red;}

9. 下面关于文件路径的说法错误的是（　　）。

A. “../” 是返回当前目录的上一级目录

B. “../” 是返回当前目录的下一级目录

C. 访问下一级目录直接输入相应的目录名即可

D. 文件路径指文件存储的位置

10. 表格的基本语法结构是（　　）。

A. <table><td><tr></tr></td></table>

B. <table><td></tr><tr></td></table>

C. <tr><table><td></td></table></tr>

D. <table><tr><td></td></tr></table>

11. 在 HTML 中，以下（　　）能够实现表格跨列。

A. colspan 属性　　B. rowspan 属性

C. colspan 标签　　D. rowspan 标签

12. 在 HTML 中，以下在表格页眉标签中，可以实现单元格内容加粗居中的是（　　）。

A. <thead>　　B. <tbody>　　C. <th>　　D. <tfooter>

13. 下面不是无序列表 type 的属性值的是（　　）。

A. disc　　B. square　　C. solid　　D. circle

14. 如何显示没有下划线的超链接（　　）。

A. a{text-decoration:none}　　B. a{text-decoration:no underline}

C. a{underline:none}　　D. a{decoration:no underline}

15. 以下有关表单的说明中，错误的是（　　）。

A. 表单通常用于搜集用户信息

B. 在 form 标签中使用 action 属性指定表单处理程序的位置

C. 表单中只能包含表单控件，而不能包含其他诸如图片之类的内容

D. 在 form 标签中使用 method 属性指定提交表单数据的方法

16. 在 HTML 中，关于表单提交方式说法错误的是（　　）。

A. action 属性用来设置表单的提交方式

B. 表单提交有 get 和 post 两种方式

C. post 比 get 方式安全

D. post 提交数据不会显示在地址栏，而 get 方式提交的数据会显示在地址栏

17. 以下（　　）标签用于在表单中构建复选框。

A. <input type="text"/>　　B. <input type="radio"/>

C. <input type="checkbox"/>　　D. <input type="password"/>

18. 在 HTML 中，以下（　　）创建一个隐藏域。

A. <input type="hidden" name="user" value="123">

B. <input name="hidden" value="hidden" text="123">

C. <input name="hidden" value="123">

D. <input name="user" text="123">

二、填空题

1. 在 HTML 中，在 CSS 样式表中设置文本的属性＿＿＿＿＿，可将文本的字体设为“隶书”或“黑体”等。

2. 在 HTML 中使用 <link> 标签链接的样式表是＿＿＿＿＿。

3. 在 CSS 中，设置文本的行距可使用＿＿＿＿＿属性，设置段落的首行缩进可用＿＿＿＿＿属性。

4. 在 HTML 页面中，调用外部样式表的方法是＿＿＿＿＿＿＿＿＿＿＿＿＿＿＿。

5. 在 HTML 页面中引入 CSS 样式有四种常用方法，分别是＿＿＿＿＿、＿＿＿＿＿、＿＿＿＿＿、＿＿＿＿＿。

6. CSS 样式常用的基本选择器为＿＿＿＿＿、＿＿＿＿＿、＿＿＿＿＿、＿＿＿＿＿。

7. CSS 样式常用的复合选择器为＿＿＿＿＿、＿＿＿＿＿、＿＿＿＿＿、＿＿＿＿＿、＿＿＿＿＿、＿＿＿＿＿。

8. CSS 样式的三大特性是 __________、__________、__________。

9. 常用的列表种类为 __________、__________、__________。

10. CSS Hack 常见的三种形式为 __________、__________、__________。

三、上机题

1. 请做出以下效果，并在浏览器测试，如图 2-48 所示。

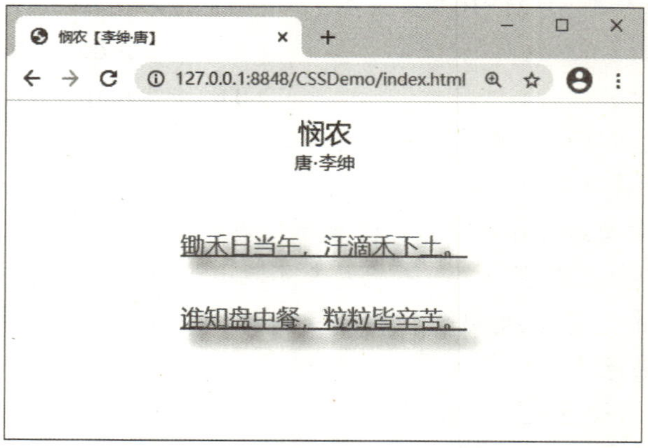

图 2-48　效果图

该上机题考察的知识点为：HTML 标记、文本外观属性。

要求如下：

（1）网页标题格式为“诗名【朝代 · 作者】”，网页所有内容居中显示。

（2）诗的“标题”文本大小为 18px，“作者 · 朝代”文本大小为 10px。

（3）诗的内容字体颜色为红色，行高为 20px，带有下画线，文本阴影水平、垂直位置以及模糊距离均为 8px，阴影颜色为灰色。

2. 请做出以下效果，并在浏览器测试，效果如图 2-49 所示。

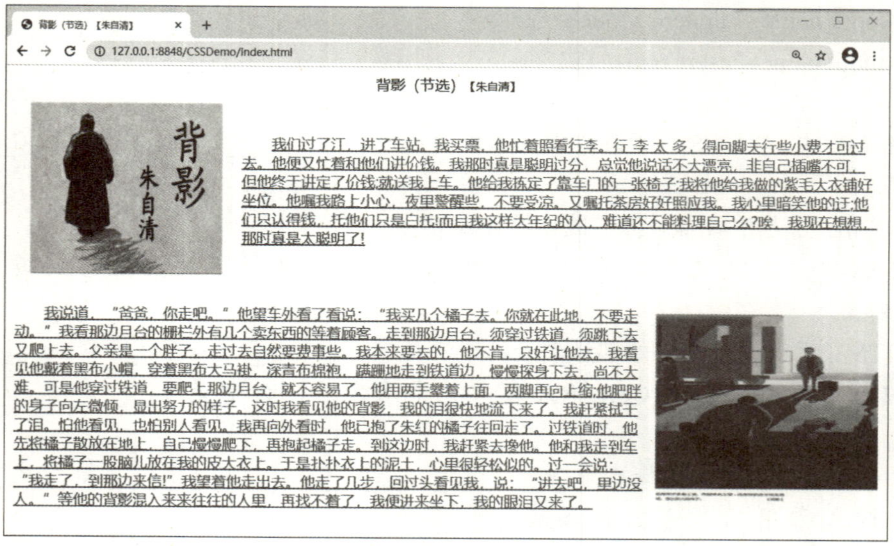

图 2-49　效果图

该上机题考察的知识点为：HTML 标记、图像标记 <img>、创建表格、<caption> 标记属性、<tr> 标记属性、<td> 标记属性、单元格合并等。

要求如下：

（1）创建无边框表格，设置表格标题为“背影（节选）【朱自清】”，且“【朱自清】”字体大小为 10px。

（2）通过图像标记 <img> 导入两张图片，第一张位于段落左侧，第二章位于段落右侧。

（3）图像大小设置为宽度 240px，高度 200px。

（4）正文内容的文本颜色为橘红色 orangered，首行缩进 2em，有下画线效果。

（5）表格为两行三列布局，适当合并单元格，使之达到以上图片的效果。

项目 3

盒子模型和元素定位

同学们，学习了一段时间了，相信大家一定感受到了网页制作的乐趣。前面我们学习了基本表现和 CSS 样式，从现在开始，我们就要学习页面设计了。页面设计需要注意两个方面：页面布局设计和页面内容设计。而页面布局的效果将直接影响用户视觉体验，本章将重点介绍页面设计的基础——盒子模型和元素定位。让我们一起徜徉在知识的海洋中吧！

3.1 项目目标

- 理解盒子模型理论。
- 掌握元素定位的几种方式，尤其是相对定位、绝对定位和浮动定位。
- 会根据实际情况解决浮动塌陷问题。
- 会灵活应用元素定位解决实际问题。

3.2 项目描述

制作旅游网的用户登录页面，如图 3-1 所示。

图 3-1　旅游网用户登录页面

3.3　相关知识

3.3.1　盒子模型

视频 盒子模型

1. 盒子模型的概念

传统的网页布局设计是表格布局为主，所有网页元素都依赖表格来确定各自的位置和框线，虽然这种方式非常方便，但表格布局将内容和结构混杂在一起，对网页维护带来很大不便，而现代网页设计的一个重要理念就是将页面内容和表现分离，其中内容是页面实际要传达给用户的信息，比如图片、文字、数据等；表现就是修饰内容的部分，提高用户视觉效果，比如颜色、字体、背景等。盒子模型就是实现内容和表现的基础。

盒子模型的概念源于生活中的装箱原理，日常生活中随处可见“盒子”形状的物品，如快递包装盒、电视机等，这些物品的形状都是矩形的，而网页制作中的盒子模型几乎与 CSS 样式同时出现，CSS 样式规定了页面中所有元素都是盒子，以此形成了一套盒子模型理论。

现实生活中，盒子是一种常见的物品，比如寄快递，一般快递员会给一个纸盒子将东西装好，为了防止在运输途中物品损坏，再用一些泡沫型材料隔在物品和盒子之间。那么，在网页制作中的盒子也和生活中常见的盒子是类似的。

网页设计将生活中装箱子的做法抽象成页面设计模型——盒子模型，如图 3-2 所示。

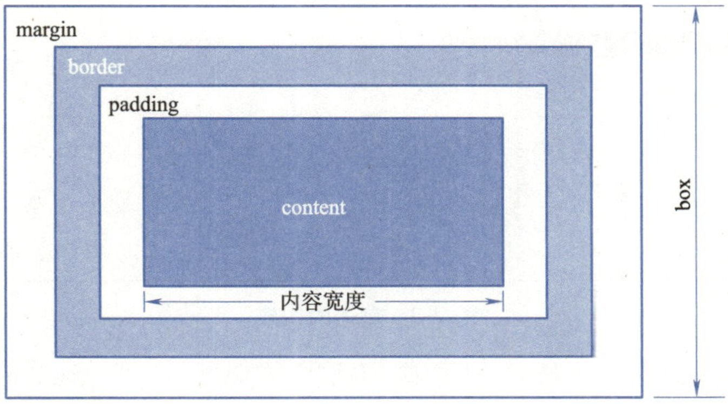

图 3-2　盒子模型

盒子模型由 margin（间距）、border（边框）、padding（内边距）和 content（内容）四部分构成。通俗来说，content 就是物品，border 就是盒子本身，padding 是担心物品损坏而填充的塑料泡沫，margin 就是这个快递盒子运输途中不能紧挨着其他快递。

2. 盒子模型的构成

盒子模型中，页面中的每一个元素都可看作是一个盒子，比如 body 标签、div 标签、span 标签等。div 标签是网页布局中最常见的一个，下面举例说明。

例 1 盒子的构成。

```
<style type="text/css">
    div{
        width:200px;
        height: 100px;
        border:20px solid #0044ff;
        padding:30px;
        margin:20px;}
</style>
<body>
    <div>
        盒子的内容
    </div>
</body>
```

浏览器运行后，效果如图 3-3 所示。

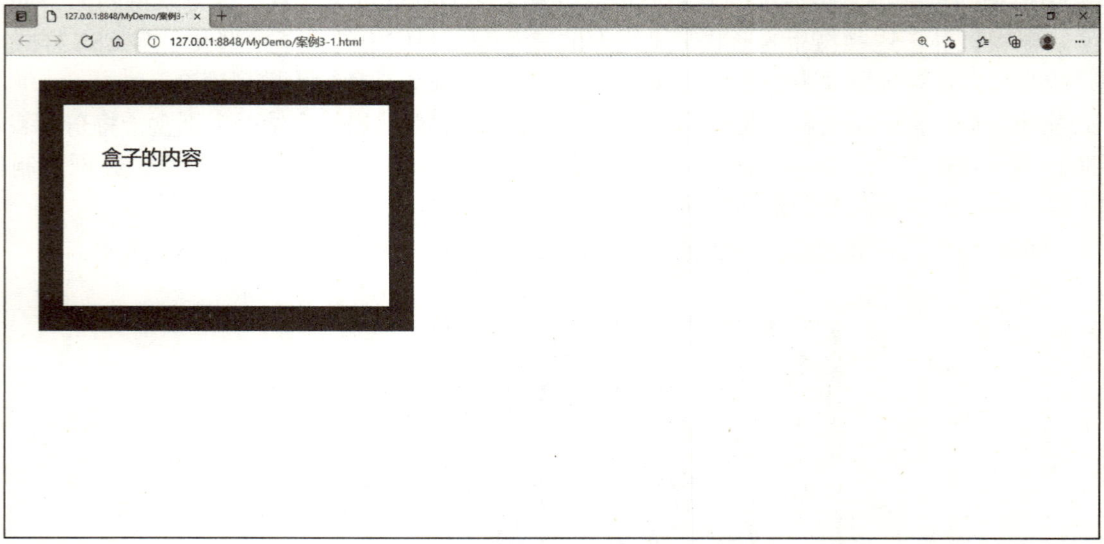

图 3-3 盒子的构成

上述代码中，margin 表示盒子的上、下、左、右四个方向的外边距；padding 表示盒子的上、下、左、右四个方向的内边距；border 表示盒子的边框。为了正确设置标签元素在浏览器中的宽度和高度，需要知道盒子模型究竟如何工作。

通过 width 和 height 设置标签元素的宽度和高度，只是设置内容区域的宽度和高度，要知道，完整大小的元素，还必须添加内边距、边框和外边距，如图 3-4 所示，上述代码中：

div 元素的总宽度 = 宽度 + 左填充 + 右填充 + 左边框 + 右边框 + 左边距 + 右边距

= 200+40+60+40=340 px

div 元素的总高度 = 高度 + 顶部填充 + 底部填充 + 上边框 + 下边框 + 上边距 + 下边距

= 100+40+60+40=240 px

但布局的时候，有时候不希望 padding 和 margin 撑大原来的盒子，所以 CSS3 推出了 box-sizing 属性，通过 border-box 和 content-box 属性值来控制 width 和 height 是否仅仅包括内容区域，如图 3-4 所示。

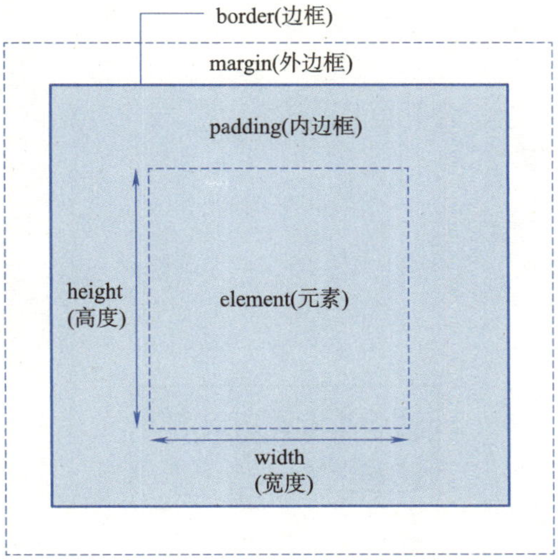

图 3-4　例用 CSS 后的盒子模型

下面具体介绍盒子模型中各个属性的参数。

（1）内边距（padding）。

内边距位于边框和内容之间，分为上、下、左、右内边距，见表 3-1。

表 3-1　内边距属性

属　性	说　明
padding	同时设置 4 个方向的内边距
padding-left	设置左内边距
padding-right	设置右内边距
padding-top	设置上内边距
padding-bottom	设置下内边距

（2）边框（border）。

为了区分页面中的不同盒子，需要给元素添加边框。和内边距一样，边框也分为上、下、左、右四个边框，见表 3-2。

表 3-2　边框的属性

属　性	说　明
border	同时设置 4 个方向的边框
border-left	设置左边框
border-right	设置右边框
border-top	设置上边框
border-bottom	设置下边框

代码 1：设置边框。

```
#box1{
        background-color: #FAEBD7;
        width:144px;
        height:50px ;
        font-size: 20px;
        color:#008800;
        border:2px solid #FF0000;
    }
```

运行效果如图 3-5 所示。

图 3-5　设置边框效果图

代码 2：设置下边框。

```
#box1{
        background-color: #FAEBD7;
        width:144px;
        height:50px ;
        font-size: 20px;
        color:#008800;
        border-bottom:2px solid #FF0000;
    }
```

运行效果如图 3-6 所示。

图 3-6　设置下边框效果图

代码 3：设置上边框。

```
#box1{
        background-color: #FAEBD7;
        width:144px;
        height:50px ;
        font-size: 20px;
        color:#008800;
        border-top:2px solid #FF0000;
    }
```

运行效果如图 3-7 所示。

图 3-7　设置上边框效果图

```
border-top:2px solid #FF0000;   //2px 表示边框的宽度，solid 表示边框的线型
```

线型有很多种，有 solid、double、dotted、dashed 等类型，也可以使用 border:none;设置无边框。

（3）外边距（margin）。

盒子和盒子之间的距离称为 margin，默认值是 0。该属性可以使用任何长度单位，比如像素、英寸、毫米或者 em。margin 的值影响着盒子和盒子之间的关系。

根据盒子的位置分为水平盒子、垂直盒子、重叠盒子。

水平盒子，即几个盒子水平排列，如图 3-8 所示。

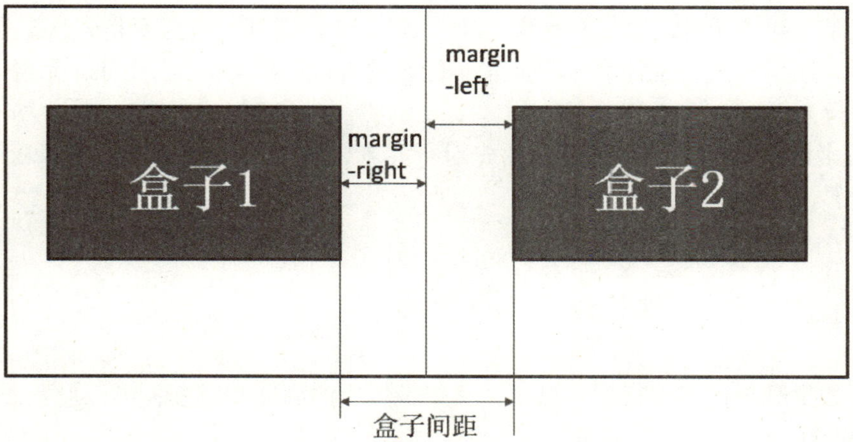

图 3-8　水平盒子

垂直盒子：当两个盒子垂直显示时，其间距是盒子 1 的下边距 margin-bottom 和盒子 2 的上边距 margin-top 中的差值，如图 3-9 所示。

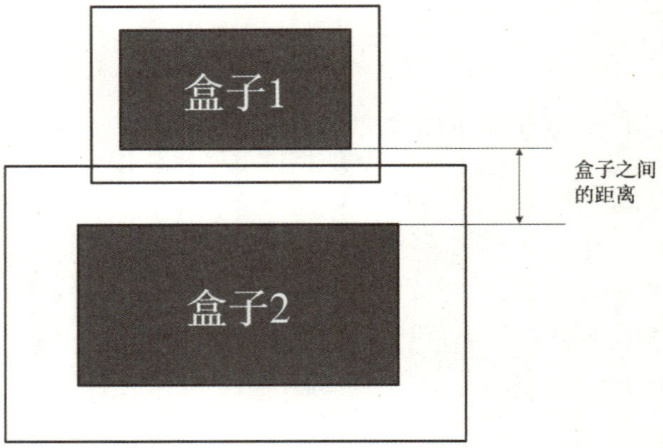

图 3-9　垂直盒子

重叠盒子：如果将一个盒子的 margin 属性值设置为负值，那么盒子会重叠，如图 3-10 所示。

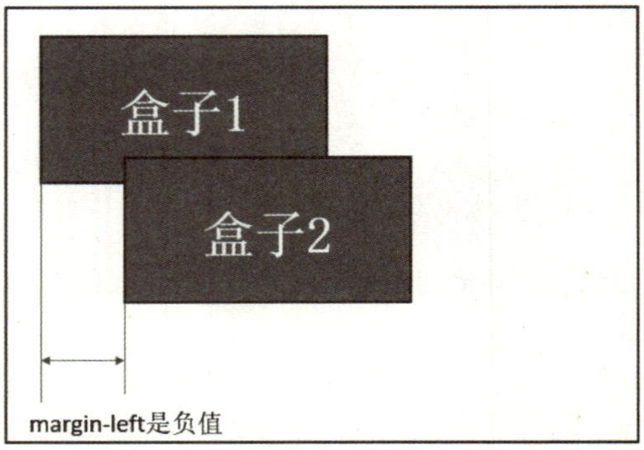

图 3-10　重叠盒子

3. 块元素和行元素

HTML 元素一般分块元素和行元素，行元素又称内联元素。一个块元素会单独占一行，还可以包含其他的行元素和块元素，比如 p 元素、div 元素、ul 元素等。行元素是先从左到右，到最右边自动换行排列。这里需要特别注意：行元素不能设置 height 和 width，比如 a 元素、img 元素、span 元素等都是行元素。

如何给行元素设置高度和宽度呢？需要先对行元素，设置 display 属性为 block，然后就可以设置高度和宽度了。

```
a{
display:block;width:100px;height:40px;
}
```

一个元素，如果既想让它以行形式显示，又想设置它的高度和宽度，可以设置 display 属性的属性值为 inline-block。

```
a{
display:inline-block;width:100px;height:40px;
}
```

由此可见，元素的 display 属性非常重要。下面将 display 的取值用法总结如下：

inline：元素显示为行元素。

display：block；表示该元素是块标签，元素占据整个一行，可以设置高度和宽度，如 div、p 等标签。

display：inline；表示该元素是行标签，元素没有占据一行，按照从左到右排列，不能设置高度和宽度，如 a 标签。

dislay：inline-block；表示该元素是行内标签，元素没有占据一行，但可以设置高度和宽度，如 input 标签。

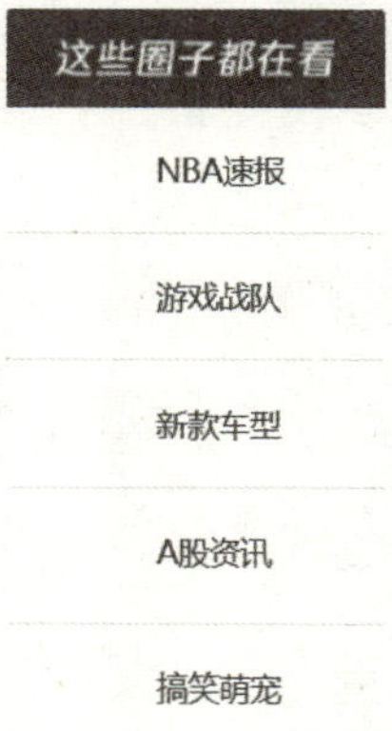

图 3-11 “这些圈子都正在看”效果图

4. 盒子模型综合应用

利用盒子模型，制作“这些圈子都在看”，效果如图 3-11 所示。

（1）任务分析。

“这些圈子都在看”是新闻网站出现频率较高的一个栏目。要实现这个效果，需要先明确内容，然后添加样式。

内容区分为标题和菜单。标题“这些圈子都在看”可以使用任意一个块标签实现，比如 div 标签、p 标签等；菜单部分，一般使用列表标签 ul 和 li 实现。

确定了内容区，然后就是给这个内容化妆美化。网页制作中，一般都是使用“先内容后美化”这个思路来实现的。

（2）关键代码。

内容区代码：

```
<div id ="news">
    <p>这些圈子都在看</p>
       <ul>
            <li><a href="#">NBA 速报</a></li>
            <li><a href="#">游戏战队</a></li>
                ……
        </ul>
</div>
```

标题样式代码：

```
#news p{
    width:200px;
    height:30px;
    line-height:30px ;       //设置垂直居中
    background-color:#0077ff;
    text-align:center;
    font-style:italic;       //斜体
    color:#ffffff;
}
```

列表项样式代码：

```
#news ul{
```

```
            list-style:none;  //不显示前面的黑点
            text-align:center;
            width:350px;
            height:250px;
        }
    #news ul li{
            width:300px;
            height:50px;
            line-height:50px;
            border-bottom:1px solid #cccccc;     //设置下边框线
        }
```

3.3.2 标准文档流

1. 文档流

网页上有大量的盒子，如何排列这些盒子，即排版。标准流排版就是按每个元素的默认排列方式在页面中进行排列。

在 Web 系统中，浏览器扮演着客户端的角色，可以读取从客户端传输来的数据。接收数据的时候，浏览器按照读取的先后顺序解析数据。浏览器的标准文档流可以确保服务端和客户端读取的页面元素排列一致，使文档元素按原始设计的顺序显示。

文档流是浏览器解析页面元素的一个重要概念，可以类比为管道。浏览器从文档流中读取元素数据，并按照先后顺序进行解析，如图 3-12 所示。

“流”的概念来源于水的流动原理。在显示网页内容时，元素按照从左到右、自上而下的顺序动态分布。如果要改变元素在网页中的位置，可以通过改变元素排列的先后位置和分布位置来实现。同时，在某个元素前插入新元素时，该元素本身及其后面元素的位置将依次向后流动推移。

这里需要注意的是：块状元素的宽度默认是 100%，所以块状元素在其所处的包含元素内是占一行的，也就是从上到下顺序垂直延伸分布的，而行元素会在所处的包含元素内自左到右水平分布。

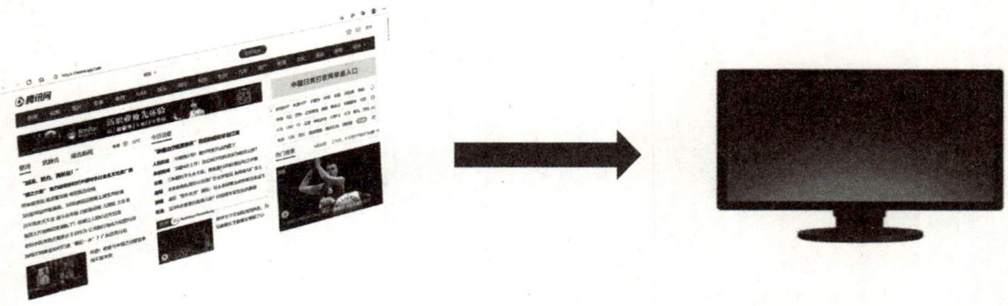

图 3-12　文档流

例 2　标准文档流。

```
    <style type="text/css">
        div{
            border:1px solid red;
```

```
            width:300px;
            height:100px;
            font-size:30px;}
        #box1{
            background-color:#999999;}
        #box2{
            background-color:#cccccc;}
    </style>
    <body>
        <div id="box1">盒子 1</div>
        <div id="box2">盒子 2</div>
    </body>
```

在浏览器中运行结果如图 3-13 所示。

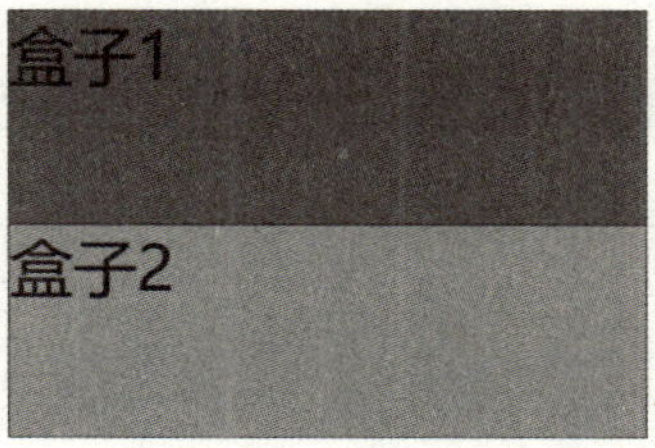

图 3-13 块状元素分布图

例 3 行标签。

```
<style type="text/css">
        #span1{
            background-color: #008800;}
        #span2{
            background-color: #FAEBD7;}
        #span3{
            background-color: #FF0000;}
</style>
    <body>
        <span id="span1">行元素 1</span>
        <span id="span2">行元素 2</span>
        <span id="span3">行元素 3</span>
  </body>
```

在浏览器中运行结果如图 3-14 所示。行元素会按照标准文档流从上到下、自左到右依次排列。

图 3-14 行元素分布图

2. 文档流的综合应用

制作新闻网的“今日话题”栏目，如图 3-15 所示。

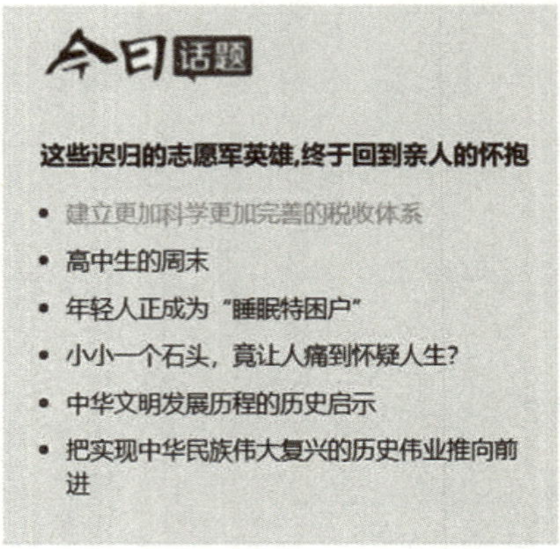

图 3-15 “今日话题”效果图

（1）任务分析。

“今日话题”是新闻网站出现频率较高的一个栏目，要实现这个效果，需要先明确内容，然后添加样式。

新闻列表通过 ul 和 li 标签实现，为了实现美观效果，需要运用盒子模型理论设置相关属性。

（2）参考代码。

内容区代码

```
<div class="bg">
        <img src="img/jrht.png">
        <p>这些迟归的志愿军英雄，终于回到亲人的怀抱</p>
        <ul>
            <li class="circal"><a href="#" class="a" style="color: orange;">建
立更加科学更加完善的税收体系</a></li>
            <li class="circal"><a href="#" class="a">高中生的周末</a></li>
            <li class="circal"><a href="#" class="a">年轻人正成为“睡眠特困户”
</a></li>
            <li class="circal"><a href="#" class="a">小小一个石头，竟让人痛到怀疑
人生？</a></li>
            <li class="circal"><a href="#" class="a" style="color: orange;">
中华文明发展历程的历史启示</a></li>
            <li class="circal"><a href="#" class="a">把实现中华民族伟大复兴的历史伟业
推向前进</a></li>
        </ul>
    </div>
```

样式代码：

```
<style type="text/css">
            p{
```

```
            color:black;
            font-size:25px;
            text-align:left;
            font-weight:bold;
            font-family: 楷体 ;

        }
        li a{
            color:#000000;
            text-decoration:none;
        }
        li{
            list-style-image:url(img/d.jpg);
            height:30px;
            font-family: 宋体 ;
            font-size:20px;
        }
        .nb{
            color:aquamarine;
        }
        #jrht{
            text-align:left;
        }
        ul{
            text-align:left;
        }
    </style>
```

3.3.3 元素定位

同学们，大家好！前面学习了网页基本元素、元素美化，能够做出美观的网页局部了！但要想做出整个页面，必须要学会元素定位和布局。接下来，先来学习元素的定位。

1. 元素定位

"定位"（position）这个词语，大家一定不陌生。百度地图、高德地图，都用到了定位。我们搬到了新家，家具如何摆放，也是家具定位。那么，网页元素如何放在页面中，也是元素定位。元素定位就是将某个元素放在某个位置上，一般都是用 position 这个属性控制元素的位置。

2. 静态定位

当 position 属性是 static 或者不设置时候，元素将进行静态定位。静态定位表示元素将按照标准文档流进行布局，不做任何移动。

3. 相对定位

相对定位是相对于元素的原有位置进行偏移，也就是相对定位需要确定参照物。默认情况下，是以自身元素的原来位置为参照点进行偏移的。使用元素的 left、right、top 和 bottom 分别设置左、右、上和下四个方向的偏移。这里需要特别注意坐标轴，如图 3-16 所示。

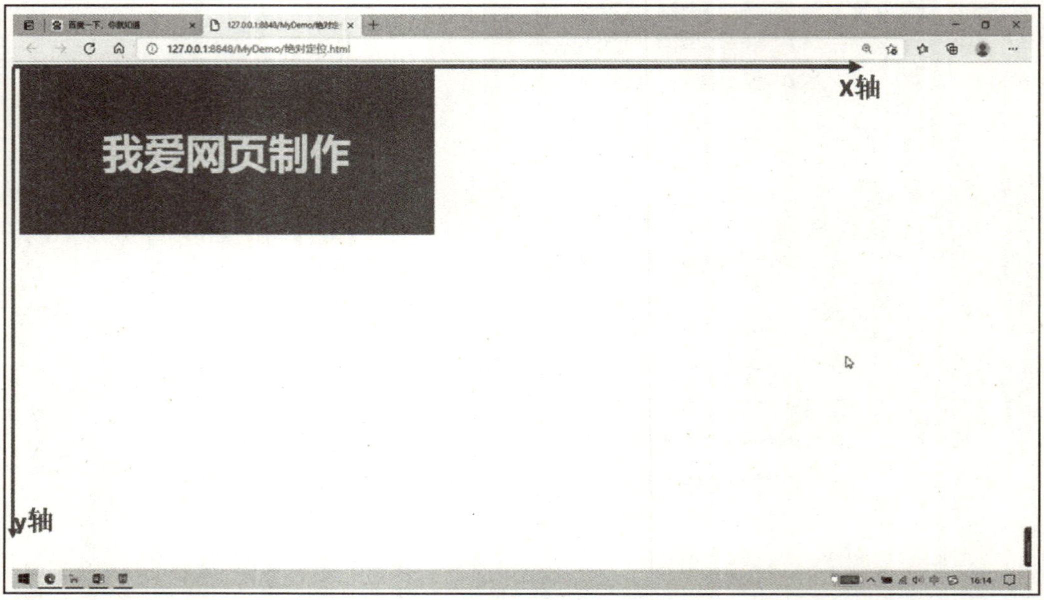

图 3-16　屏幕坐标

下面，通过案例学习相对定位的特点。例 4 展示两个 div 的初始效果。

例 4　没有设置相对定位的块标签。

```
<style type="text/css">
        #div1{
            width:150px;
            height:50px;
            background-color:#008800;
            color:white;
            line-height:50px;
            text-align:center;
            font-size:30px;
        }
        ……
    </style>
    <body>
        <div id="div1">块 1</div>
        <div id="div2">块 2</div>
    </body>
```

运行效果如图 3-17 所示。

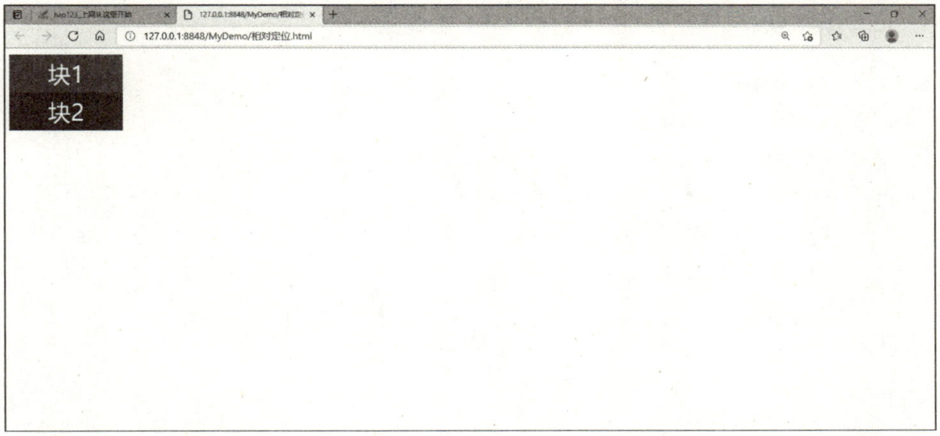

图 3-17　没有设置相对定位的块标签效果图

例 5　给第一个 div 设置相对定位。

```
#div1{
            ……
position: relative;
            left:200px;
            top:50px;
        }
        ……
```

运行效果如图 3-18 所示。

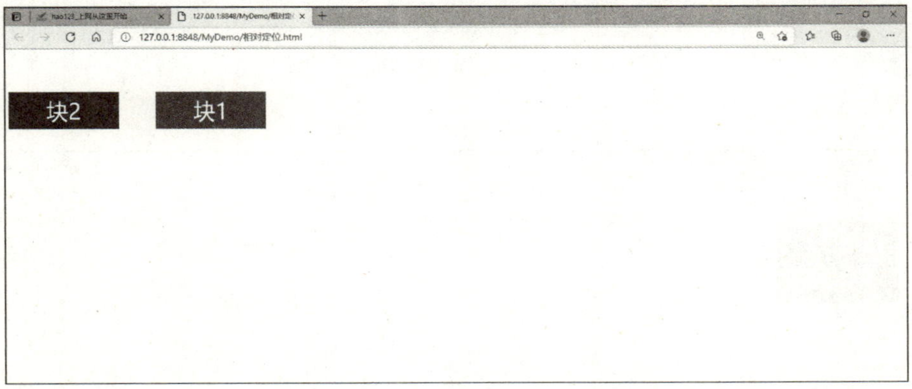

图 3-18　给第一个 div 设置相对定位效果图

“块 1”相对自身原来的位置偏移，x 轴偏移了 200 px，y 轴偏移了 50 px。但“块 2”并没有占据“块 1”原来的位置，也就是“块 1”移动后，它的原始位置会被保留下来，即不会脱离文档流。因为相对定位不会脱离文档流，所以其他元素不会受到相对定位的影响，仍然会按照原来的位置进行排列。

有时候，需要相对于上一级元素进行相对偏移，也就是参照点不是元素自身，而是指定参照点。如何指定参照点呢？举例说明：

例 6 自定义参照点。

```
#content{
            width:400px;
            height:200px;
            border:1px solid orangered;
            margin:50px;
             padding:6px;
          }
        #div1{
            width:150px;
            height:50px;
            background-color:#008800;
            color:white;
            line-height:50px;
            text-align:center;
            font-size:30px;
        }
……
<body>
        <div id="content">
            <div id="div1">块 1</div>
            <div id="div2">块 2</div>
        </div>
    </body>
</html>
```

例 6 运行效果如图 3-19 所示。

图 3-19　自定义参照点效果图

4. 绝对定位

前面学习了相对定位，大家肯定会想有没有绝对定位呢？马上开始学习。绝对定位是将元素的 position 属性设置为 absolute。绝对定位的元素会脱离标准文档流，不受标准文档流限制。

元素可以通过设置 left、right、top 和 bottom 属性并以页面为参照来进行偏移，绝对定位的元素在标准文档流中不占用其空间，不影响标准文档流中的元素，看似悬浮于页面之上。举例说明：

例 7　盒子设置。

```
#content{
        width:400px;
        height:200px;
        border:1px solid orangered;
        margin:50px;
        padding: 6px;
    }
#div1{
        width:200px;
        height: 50px;
        background-color: #008800;
        color:white;
        line-height: 50px;
        text-align: center;
        font-size: 30px;
    }
……
<body>
    <div id="content">
        <div id="div1">块 1</div>
        <div id="div2">块 2</div>
        <div id="div3">块 3</div>
    </div>
</body>
```

视频

元素定位-绝对定位

例 7 运行效果如图 3-20 所示。

图 3-20　盒子设置运行效果图

设置“块 1”绝对定位：

```
#div1{
            width:200px;
            height: 50px;
            background-color: #008800;
            color:white;
            line-height: 50px;
            text-align: center;
            font-size: 30px;
           position:absolute;/*设置绝对定位*/
           left:100px;
           top:50px;
        }
……
<body>
        <div id="content">
            <div id="div1">块 1</div>
            <div id="div2">块 2</div>
            <div id="div3">块 3</div>
        </div>
</body>
```

运行效果如图 3-21 所示。

图 3-21　设置绝对定位后的效果

效果图显示，“块 1”绝对定位后，它浮在了标准文档流表面，也就是“块 1”提升了层级，原先所占空间被“块 2”和“块 3”所占据。

这里需要特别注意的是：“块 1”的偏移，是相对于页面的左上角这个参照点而言的，那么能否将其偏移的参照点设置为“块 1”的父元素的左上角呢？这里是可以的。将“块 1”的父元素，这里也就是 id 是 content 的 div，设置为包含块，即设置 position 属性为 relative，其他代码不变，如下所示：

```
#content{
            width:400px;
            height:200px;
            border:1px solid orangered;
            margin:50px;
            padding: 6px;
              position: relative;   //设置该 div 为包含块
        }
#div1{
            ……
           font-size: 30px;
           position:absolute;        //设置绝对定位
           left:100px;
           top:50px;
        }    ……
<body>
        <div id="content">
            <div id="div1">块 1</div>
            <div id="div2">块 2</div>
            <div id="div3">块 3</div>
        </div>
</body>
```

运行效果如图 3-22 所示。

图 3-22　包含块效果

视频

元素定位-相对定位

5. 固定定位

固定定位是绝对定位的一种特殊形式，它是以浏览器窗口为参照物定位网页元素，位置固定，当用户拖动浏览器窗口的滚动条时，固定定位的元素不会跟着滑动，而是始终固定在页面的某个位置。

固定定位常常用于头部导航固定、侧边导航固定和侧边广告固定等场合。

例 8 仿照侧边广告。

```
#wrapper {
            border:3px solid red;
            width:400px;
            height:1200px;
            background-color: yellow;
        }
        #box{
            background-color:#00f00f;
            position:fixed;    //固定定位
            left:100px;
            top:50px;
            width:70px;
            height:80px;
        }
<div id="wrapper">
        <p>昔人已乘黄鹤去，此地空余黄鹤楼</p>
        <p>黄鹤一去不复返，白云千载空悠悠</p>
        <p>晴川历历汉阳树，芳草萋萋鹦鹉洲</p>
        <p>日暮乡关何处是，烟波江上使人愁</p>
    </div>
    <div  id="box">固定的层</div>
```

运行效果如图 3-23 所示，设置黄色方块为固定定位，图 3-24 是滑动滚动条，黄色方块的位置不会随着滚动条的拖动而变化。

图 3-23　设置黄色方块固定定位

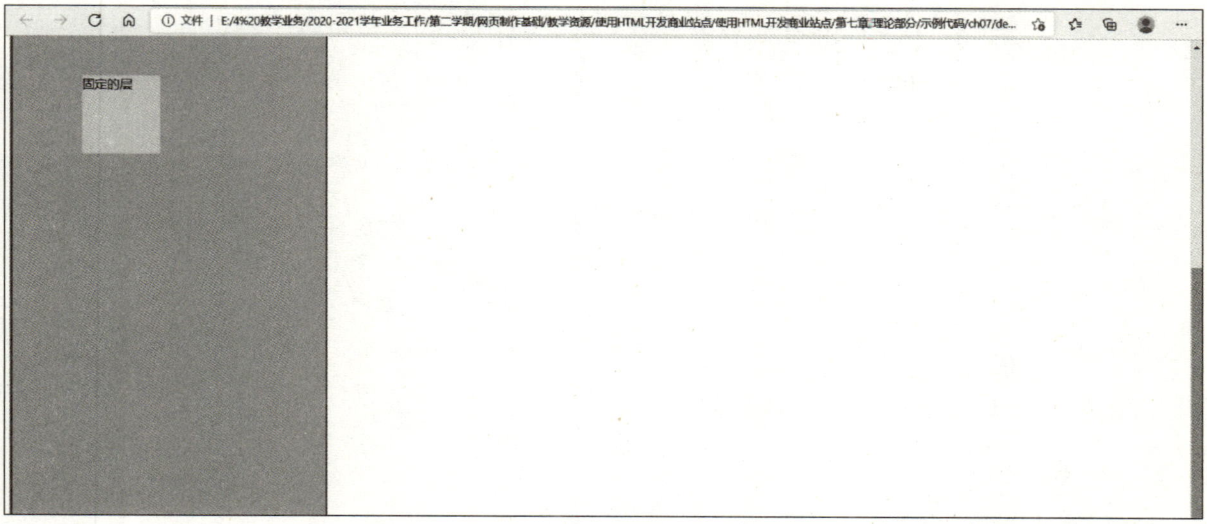

图 3-24 黄色方块的位置不会随着滚动条拖动而变化

这里补充一点小知识，关于 z-index 属性的用法。

前面我们设置偏移时候，都是设置了 x 轴、y 轴偏移，但实际上网页存在三维结构，除了 x 轴、y 轴，还有 z 轴。z 轴常常是用来设定层的先后顺序的，我们常常使用 z-index 属性来控制 z 坐标的值，从而控制元素的层叠顺序。层级的高低，决定了元素相互堆叠的次序不同，进而表现效果也不同。

默认情况下，元素的 z-index 属性无效，该属性只有在元素的 position 属性取值 relative、absolute 或者 fixed 才有效。z-index 属性可取的值与说明见表 3-3。

表 3-3 z-index 属性可取值说明

属 性 值	说 明
Auto	默认值，层级高低与父元素相关
Number	设置元素的层级高低，值越高，层级越高
Inherit	继承父元素的 z-index 的属性值

下面举例说明。

例 9 层叠显示。

```
div{
            width:200px;
            height:200px;
            font-size:40px;
            position:absolute;
        }
        #A{
            background-color: #0000FF;
            top:20px;
            left:20px;
        }
```

```
        #B{
            background-color:orangered;
            top:50px;
            left:50px
        }
        #C{
            background-color:#999999;
            top:80px;
            left:80px
        }
<body>
        <div id="A">A</div>
        <div id="B">B</div>
        <div id="C">C</div>
</body>
```

运行效果如图 3-25 所示。

图 3-25　层叠显示效果

给块 A 设置 z-index 属性之后：

```
div{
            width:200px;
            height:200px;
            font-size:40px;
            position:absolute;
        }
        #A{
            background-color:#0000FF;
            top:20px;
            left:20px;
            z-index:2;   //设置 z 轴的数值
        }
<body>
        <div id="A">A</div>
        <div id="B">B</div>
```

```
        <div id="C">C</div>
</body>
```

运行效果如图 3-26 所示。

图 3-26　给块 A 设置 z-index 属性效果图

将块 A 的 z-index 属性设置为 2，其排列顺序移到顶层。

6. 浮动定位

我们知道，在标准文档流情况下，块元素是单独占据一行的。那如何将多个块状元素放在同一行，并且能设置其高度和宽度属性？这里我们可以考虑使用浮动，将块元素脱离标准文档流。通过设置元素的 float 属性将块元素向左或向右浮动。

浮动常常用于实现水平方向上的并排布局，如两列布局、多列布局等。

语法格式：

```
float: none | left | right | inherit;
```

其中，none 表示不浮动，按标准文档流排列元素；left 表示元素浮动到父元素的左边，元素会脱离标准文档流；right 表示元素浮动到父元素的右边；inherit 表示继承父元素的 float 属性。

例 10　使用浮动实现文字围绕图片。

```
<body>
        <img src="img/兵马俑.jpg"/>
        <div id="info">
    秦始皇陵兵马俑坑已发掘了三个，总面积达 2 万多平方米，出土兵马俑 7000 多件，各种青铜兵器上万件。三个坑呈“品”字形，每个坑中的陶俑兵种和阵容各不相同。一号坑是以步兵为主、战车和步兵相间的主力军阵。东边 3 列步兵俑，每列 68 尊，是军阵的前锋；后面接着战车和步兵相间的 38 路纵队构成军阵主体；南北两侧和西边各有 1 列横队，则是军阵的侧卫和后卫。陶俑有步兵俑、弩兵俑、车兵俑和骑兵俑四种。手持各种兵器的步兵俑列成纵队和横队。弩兵俑做张弓待发姿势。车兵俑手握兵器跟在战车后面。骑兵俑站立马旁，一手牵马，一手紧握兵器。整个军阵规模庞大，布局严密。
      </div>
</body>
```

运行效果如图 3-27 所示。

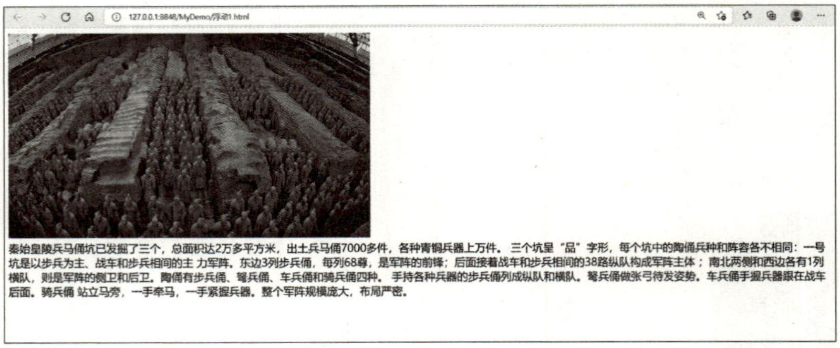

图 3-27　使用浮动实现文字围绕图片效果

对例 10 进行改进，设置图片浮动，即增加样式：

```
<style type="text/css">
            #wrapper {
                width:900px;
                margin:0 auto;    //居中
            }
            img {
                width:78px;
                height:90px;
                float:left;
            }
            #info {
                border:2px dashed red;
            }
</style>
```

设置浮动后的运行效果如图 3-28 所示。从效果图可以看出，使用元素浮动实现了文字环绕图片的效果。

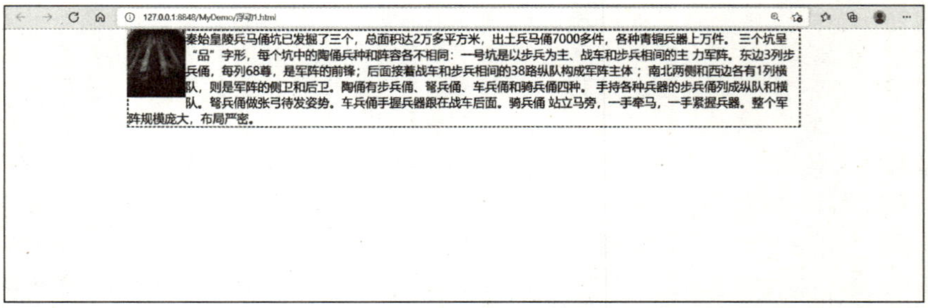

图 3-28　设置浮动后的效果

例 11　使用浮动实现分栏布局。

```
<style type="text/css">
            #wrapper {
                border:2px solid black;
```

```
            margin:0 auto;      //居中
            padding:2px;        //上下左右的填充为 2px
            width:500px;
        }
        #box1, #box2, #box3 {
            border:2px dashed red;
            width:80px;
            height:80px;
            margin:2px;         //上下左右的外间距为 5px
        }
        #box1 {
            height:92px;
        }
    </style>
<body>
         <div id="wrapper">
            <div  id="box1">BOX-1</div>
            <div  id="box2">BOX-2</div>
            <div  id="box3">BOX-3</div>
        </div>
    </body>
```

运行效果如图 3-29 所示。

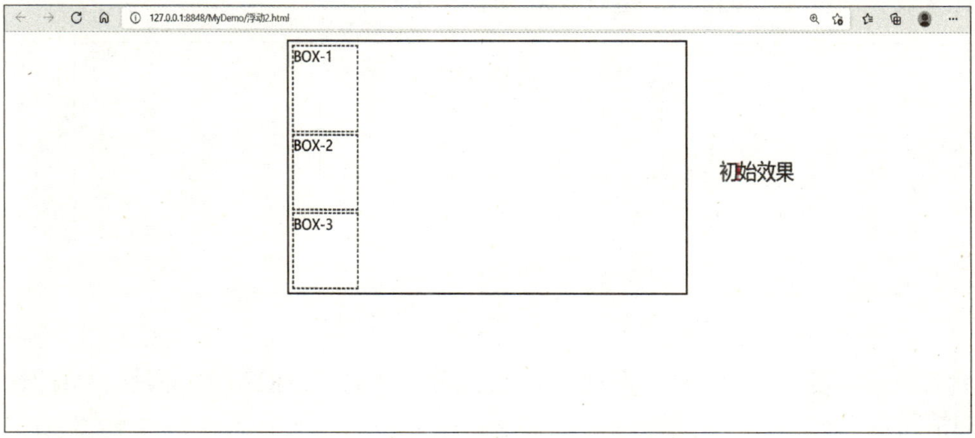

图 3-29　使用浮动实现分栏布局效果图

给三个 div 都设置 float 为 left，效果图如图 3-30 所示。

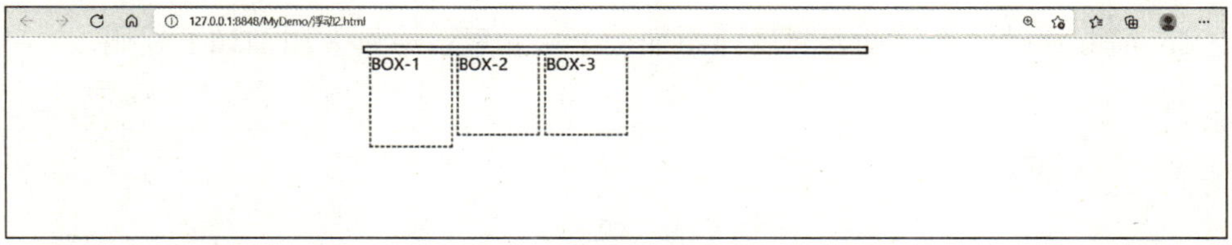

图 3-30　浮动效果

从图 3-31 所示的效果看出，虽然三个 div 都浮起来了，但没有在父元素黑色边框里，黑色边框，高度缩小了，把这种现象称为“浮动塌陷”或者“高度塌陷”。也就是父元素里的三个子元素都设置为浮动，同时父元素没有设置高度。通过前面的知识，在标准文档流中，当父元素没有设置高度的时候，其高度由内容撑开，但所有的元素都设置为浮动后，子元素脱离了标准文档流，导致父元素撑不开，继而产生“浮动塌陷”。

那么如何解决“浮动塌陷”呢？最简单的方法就是给父元素设置高度，代码如下：

```
#wrapper {
                border:2px solid black;
                margin:0 auto;    //居中
                padding:2px;      //上下左右的填充为 2px
                width:500px;
                height:150px;
            }
#box1, #box2, #box3 {
                border:2px dashed red;
                width:80px;
                height:80px;
                margin:2px;       //上下左右的外间距为 5px
                float:left;
            }
```

给父元素设置高度为 150px 后，运行效果如图 3-31 所示。

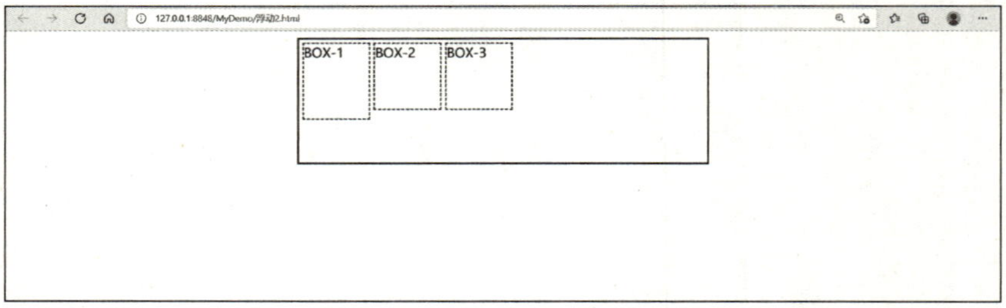

图 3-31　父元素设置高度后效果

给父元素设置高度，可以解决“浮动塌陷”，这种方法简单，但存在局限性，只能针对子元素高度固定的情况。

下面专门学习“浮动塌陷”的一般解决方法。

网页的某个元素设置为浮动后，会对跟随的块级元素产生影响，此时需要对浮动进行清除。

方法 1：

设置空 div 清除浮动。在浮动元素后面添加一个块元素。给例 8 添加如下代码：

```
.clear {
            clear:both;
        }
<body>
```

```
        <div id="wrapper">
                <div  id="box1">BOX-1</div>
                <div  id="box2">BOX-2</div>
                <div  id="box3">BOX-3</div>
                <div class="clear"></div>
        </div>
</body>
```

运行效果如图 3-32 所示，浮动塌陷问题得以解决。

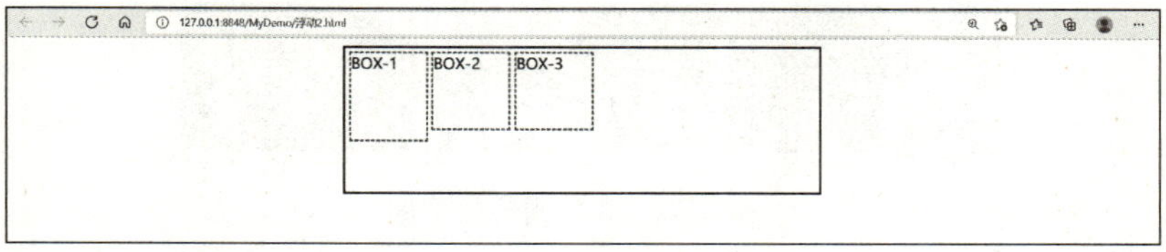

图 3-32　设置空 div 清除浮动效果

方法 2：

使用 after 伪元素清除浮动。使用方法 1 虽然可以解决浮动塌陷，但需要额外增加一个毫无意义的 div，这样有可能造成网页布局的混乱，还可以通过“：after”伪元素清除浮动。

```
#wrapper:after{
                content: "";    //添加空内容
                display: block; //将伪元素转化为块元素
                clear: both;    //清除浮动
            }
<body>
        <div id="wrapper">
                <div  id="box1">BOX-1</div>
                <div  id="box2">BOX-2</div>
                <div  id="box3">BOX-3</div>
         </div>
    </body>
```

方法 3：

使用 overflow 清除浮动。给浮动元素的父元素设置 overflow 属性，将其属性值设置为“hidden”或者“auto”，可以清除浮动。

```
#wrapper {
                    ……
                height: 150px;
                overflow: hidden;}
<body>
        <div id="wrapper">
                <div  id="box1">BOX-1</div>
                <div  id="box2">BOX-2</div>
                <div  id="box3">BOX-3</div>
```

```
        </div>
    </body>
```

7. 元素定位综合应用

制作美淘网导航菜单，如图 3-33 所示。“全部商品分类”二级导航菜单使用相对定位，“侧栏广告”使用固定定位。

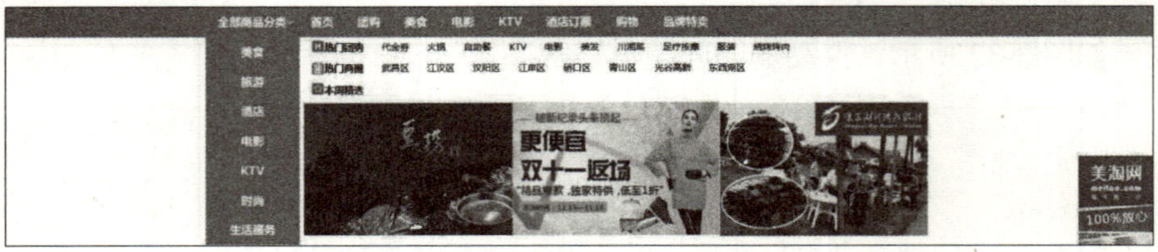

图 3-33 美淘网导航菜单

（1）需求分析

美淘网提供了一个经济、实用、安全、高效且稳定的网络平台和用户交流平台。它可以帮助更多的消费者找到更优惠的团购商品，让互不相识的消费者可以共同享受物美价廉的服务。

这里截取美淘网首页的部分作为本次实训任务。为实现该任务，需要具备元素定位的相关知识，比如实现一级导航菜单需要浮动定位，二级导航菜单需要绝对定位，右下角的广告需要固定定位。

（2）关键代码

如图 3-34 所示的导航条制作如下。

图 3-34 美淘网导航搜索框

```
<div id="header">
     <div id="all">
        <div id="menu">
           <ul>
              <li class="city">武汉 <a href="#">[ 切换城市 ]</a></li>
              <li>美淘，每天淘一次 </li>
              <li class="space"><a href="#">我的美淘 </a></li>
              <li class="space"><span></span><a href="cart.html" target="_
parent">购物车 </a></li>
              <li class="space"><a href="login.html" target="_parent">[ 登录 ]
</a></li>
              <li class="space"><a href="login.html" target="_parent">[ 注册 ]
</a></li>
           </ul>
        </div>
     </div>
     <div id="search">
          <ul>
```

```
            <li class="logo"><a href="#"><img src="images/logo.jpg"
width="304" height="73"/></a></li>
            <li  class="se">
                <form>
                  <input type="text" id="setxt" /><input type="button" value="
搜搜 "  id="btn"  style="position:relative;top:-1px;left:0px"/>
                </form>
            </li>
             <li class="keyword"><a href="#"> 旅游 </a></li>
           <li class="keyword"><a href="hottopic.html" target="_parent"> 酒店
</a></li>
           <li class="keyword"><a href="#">kTV</a></li>
         </ul>
     </div>
```

导航菜单的内容区如图 3-35 所示。

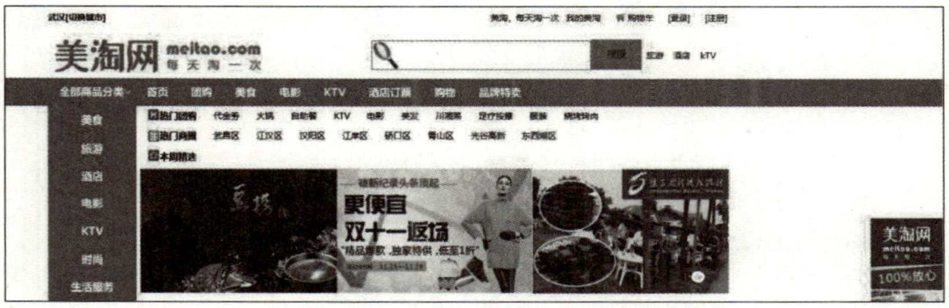

图 3-35　美淘网导航内容区

```
<div id="allnav">
    <div id="nav">
      <ul>
        <li class="menuList"><a href="#" class="category"> 全部商品分类 </a>
          <ul>
            <!-- 二级菜单 -->
            <li><a href="#"> 美食 </a></li>
            <li><a href="#"> 旅游 </a></li>
            <li><a href="#"> 酒店 </a></li>
            <li><a href="#"> 电影 </a></li>
            <li><a href=" #" >KTV</a></li>
            <li><a href="#"> 时尚 </a></li>
            <li><a href="#"> 生活服务 </a></li>
          </ul>
        </li>
        <li><a href="index.html"> 首页 </a></li>
        <li><a href="#"> 团购 </a></li>
        <li><a href="#"> 美食 </a></li>
        <li><a href="#"> 电影 </a></li>
```

```
        <li><a href="#">KTV</a></li>
        <li><a href="#">酒店订票</a></li>
        <li><a href="#">购物</a></li>
        <li><a href="#">品牌特卖</a></li>
      </ul>
    </div>
  </div>
  <div id="mtop">
    <div id="navlist">#navlist 导航菜单的下拉列表</div>
    <div id="content">
      <div id="typesearch">
        <ul>
          <li class="title"><span class="hot"></span>热门团购</li>
          <li><a href="#">代金券</a></li>
          <li><a href="#">火锅</a></li>
          <li><a href="#">自助餐</a></li>
          <li><a href="#">KTV</a></li>
          <li><a href="#">电影</a></li>
          <li><a href="#">美发</a></li>
          <li><a href="#">川湘菜</a></li>
          <li><a href="#">足疗按摩</a></li>
          <li><a href="#">服装</a></li>
          <li><a href="#">烧烤烤肉</a></li>
        </ul>
        <ul>
          <li class="title"><span class="business"></span>热门商圈</li>
          <li><a href="#">武昌区</a></li>
          <li><a href="#">江汉区</a></li>
          <li><a href="#">汉阳区</a></li>
          <li><a href="#">江岸区</a></li>
          <li><a href="#">硚口区</a></li>
          <li><a href="#">青山区</a></li>
          <li><a href="#">光谷高新</a></li>
          <li><a href="#">东西湖区</a></li>
        </ul>
      </div>
      <div id="week">
        <P><span class="weekicon"></span>本周精选</P>
        <ul>
          <li><a href="#"><img src="images/week1.jpg" /></a></li>
          <li><a href="#"><img src="images/week2.jpg" /></a></li>
          <li><a href="#"><img src="images/week3.jpg" /></a></li>
        </ul>
      </div>
    </div>
  </div>
```

设置样式：

```
#nav, #mtop, #mbottom {
    width: 985px;          //内容固定宽度
    margin: 0px auto;      //固定宽度且居中
}
#middle #allnav {
    width: 100%;           //自适应宽度，占据整个屏幕
    height: 39px;
    background-color: #ff7701;
}
//中间导航
#middle #nav {
    height: 39px;
}
#nav ul li {
    float: left;
}
#nav ul li a {
    float: left;     //兼容
    padding: 0px 16px;
    height: 39px;
    line-height: 39px;
    display: block;
    font-weight: bold;
    font-size: 15px;
    color: white;
}
#nav ul li a:hover {
    background-color: #ff8c00
}
#nav ul li a.category {
    background-image: url(images/arrow-down.gif);
    background-repeat: no-repeat;
    background-position: right;
}
//中间的上面
#mtop {
    overflow: hidden;     //解决浮动塌陷
    margin-bottom: 4px; //下外边距和中下保持4px的间隔
}
//导航菜单的二级菜单用到定位
#nav ul li.menuList {
    position: relative;
}
#nav ul li.menuList ul {
    background-color: #ff7701;
```

```
    text-align: center;
    top: 39px;  //脱离原文档流
    left: 0px;
    position: absolute;
    width: 123px;
}
#nav ul li ul li {
    float: none;
}
#nav ul li ul li a {
    float: none
}
//占位符
#mtop #navlist {
    float: left;
    width: 121px;
    height: 271px;
    border: 1px solid #963;
    margin-right: 5px;  //右外边距
}
#mtop #content {
    float: left;
    width: 850px;
    height: 273px;
}
//分类搜索
#mtop #content #typesearch {
    height: 54px;  // border:1px solid #03F;
}
#mtop #content #typesearch ul {
    clear: both;
}
#mtop #content #typesearch ul li {
    float: left;
    margin: 0px 12px;  //水平方向利用外边距调开项的间隔
    height: 27px;      //垂直方向利用行高调开项的间隔
    line-height: 27px;
}
#mtop #content #typesearch ul li.title {
    font-weight: bold;
    font-size: 13px;
}
#mtop #content #typesearch ul li.title span {
    width: 16px;
    height: 17px;
    display: block;
    background-image: url(images/icon.gif);
    float: left;
```

```
    margin-top: 5px;    // 背景和文字对齐
}
#mtop #content #typesearch ul li.title span.business {
    background-position: 0px -21px;
}
// 本周精选
#mtop #content #week {
    height: 214px; // border:1px solid #F00;
}
#mtop #content #week p {
    font-weight: bold;
    font-size: 13px;
    height: 32px;
    line-height: 32px;
    margin: 0px 12px;   // 和分类搜索的标题在垂直方向对齐
}
#week p span {
    width: 16px;
    height: 17px;
    display: block;
    background-image: url(images/icon.gif);
    float: left;
    background-position: 0px -64px;
    margin-top: 5px;    // 背景和文字对齐
}
#week p span.weekicon {
    background-position: 0px -45px;
}

#week ul li {
    float: left;
}
```

3.4 项目实施

3.4.1 需求分析

随着人们生活水平的提高，大家都喜欢利用节假日，带着家人出去旅游。凡事预则立，要出去旅游，就得提前计划。“一起去旅行”就是一款针对给用户提供旅游线路的网页，用户可以通过浏览旅游线路，进行在线订购线路。针对学生现有知识储备，本项目选取用户登录页面进行介绍。

3.4.2 项目组织

学生独自选取素材，独立完成。

3.4.3 项目流程

1. 素材收集整理

明确实训任务，整理所需图片资源，填写表 3-4 所示的准备记录表。

表 3-4 项目准备记录表

日期	
完成人	
所选社区	
搜集素材	

2. 项目编码

下面展示该项目完成的关键代码，仅供参考。

关键代码 1：

```
<ul>
      <li><a href="index.html"> 首页 </a></li>
      <li style="width:8px;"><img src="images/t1.jpg" width="8" height="42" />
</li>
      <li><a href="type.html"> 境内游 </a></li>
      <li style="width:8px;"><img src="images/t1.jpg" width="8" height="42" />
</li>
      <li><a href="#"> 境外游 </a></li>
      <li style="width:8px;"><img src="images/t1.jpg" width="8" height="42" />
</li>
      <li><a href="#"> 热门游 </a></li>
      <li style="width:8px;"><img src="images/t1.jpg" width="8" height="42" />
</li>
      <li><a href="group.html"> 团购 </a></li>
      <li><a href="cart.html"><img src="images/che.jpg" width="176"
height="42" /></a></li>
  </ul>
```

关键代码 2：

```
<div id="login-m">
<ul>
<li> 登录名
    <input name="textfield" type="text" class="box" id="txtLoginNo" size="33"
value=" 请输入 6~12 位账号 " />
</li>
<li> 密     码
    <input name="textfield" type="password" class="box" id="txtPwd" size="33" />
</li>
<li>        
    <input name="checkbox" type="checkbox" id="checkbox" checked="checked" />
```

```
    30 天内自动登录 </li>
    <li>         
        <input name="button" type="image" id="button" value=" 提交 " src="images/
login-b.jpg" />
    </li>
</ul>
</div>
```

3. 项目验收

填写表 3-5 所示的总结表格。

表 3-5 验收单

项目完成人	
项目完成所用时间	
项目效果	
改进之处	

习题

一、单选题

1. 关于文档流的说法，错误的是（　　）。
   A. 所谓标准文档流就是网页中的元素在没有使用特定的定位方式情况下默认的布局方式
   B. 文档流指的是元素排版布局过程中，元素会自动从左往右、从上往下地流式排列
   C. 标准文档流中的元素可以分为两种等级：块级元素和行内元素
   D. 行内元素的宽度默认是其容器的 100%，除非设定一个宽度
2. 下列（　　）标签是 HTML 常用的块级标签。
   A. <span>　　B. <a>　　C.
　　D. <h1>
3. div 与 span 标签的区别有（　　）。
   A. div 属于块级元素，span 属于行内元素
   B. 它们后面的元素都会自动换行
   C. 没有任何实质意义
   D. 独立出各个区块
4. 下列（　　）属性能够设置盒模型的左侧外边距。
   A. margin-left　　B. margin　　C. indent　　D. text-indent
5. 将一个盒子的上边框定义为 1px、蓝色、单实线，下列代码正确的是（　　）
   A. border-top: 1px solid blue　　B. border: 1px solid blue
   C. border-top: 1px dashed blue　　D. border: 1px dashed blue
6. 元素内容与边框之间的距离，常常称为（　　）。
   A. 内边距　　B. 内填充　　C. 外边距　　D. 外填充

7. 在 HTML 中，盒子模型的属性不包括（　　）。

A. 边框　　B. 线条　　C. 外边距　　D. 内边距

8. 下面（　　）用于定义外边距。

A. content　　B. padding　　C. border　　D. margin

9. 默认情况下，（　　）元素设置 width 和 height 可以生效。

A. div　　B. span　　C. strong　　D. em

10. 下列对盒子模型描述不正确的是（　　）。

A. 一个盒子由边界、边框、填充和内容区域四个部分组成

B. 盒子的填充、边框、边界和内容区域都分为上、下、右、左四个方向

C. CSS 定义盒子的 width 和 height 时，实际上定义的是内容区域 content 的 width 和 height

D. 盒子的宽度是内容宽度加上 padding、border 和 margin

11. 关于 position 定位，下列说法错误的是（　　）。

A. fixed 元素，可定位于相对于浏览器窗口的指定坐标，它始终是以 body 为依据

B. relative 元素以它原来的位置为基准偏移，在其移动后，原来的位置不再占据空间

C. absolute 的元素，如果它的父容器设置了 position 属性，并且 position 的属性值为 absolute 或者 relative，那么就会依据父容器进行偏移

D. fixed 属性的元素在标准流中不占位置

12. 下列（　　）可以清除浮动。

A. clear　　B. overflow　　C. margin　　D. border

13. 下列（　　）可以设置网页中某个标签的右外边距为 5px。

A. margin:5px 0 0 0;　　B. margin:0 5px

C. padding-right:5px;　　D. margin:0 5 0 0px

14. 如果要使多个 div 并列排列，应使用（　　）。

A. margin　　B. content　　C. float　　D. clear

15. 要想使 div 一列固定宽度并居中，应该设置 CSS 的（　　）属性。

A. border: center　　B. width: center

C. margin: auto　　D. 以上都不对

二、上机题

已知导航栏的高度是 50 px，背景颜色值是 #fcfcfc，导航上边框颜色值是 #f97f00，导航下边框颜色值是 #eeeeee，鼠标悬停在每个导航栏目时字体颜色值为 #3e3e3e，导航中每个栏目的文字左右内边距均为 18 px，仔细观察图 3-36，运用所学知识做一个与之类似的导航栏，并测试。

图 3-36　效果图

项目 4

网页布局

通过前面一段时间网页制作的学习，掌握了网页元素、样式美化、元素定位等，实现了一些局部的美化特效。现在，需要学习整体的设计布局。通俗来讲，布局就是如何将网页划分成“几大块”，先将“大块”放好，然后在里面填“小块”。

大家一定很好奇吧，赶紧去看看吧！

4.1 项目目标

- 了解 DIV+CSS 布局理念及思路。
- 掌握常用布局方法。
- 能使用 iframe 标签实现页面布局。

4.2 项目描述

制作“一起去旅行”旅游网站，如图 4-1 所示旅行主页面，图 4-2 所示景点详情页面，图 4-3 所示团购页面，图 4-4 所示购物车页面。

图 4-1　旅行主页面

图 4-2　景点详情页面

图 4-3　团购页面

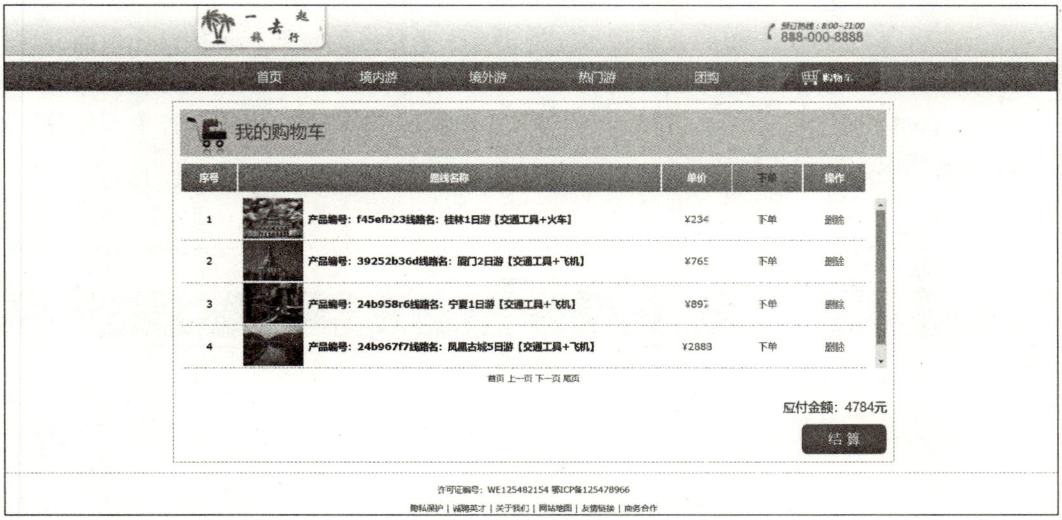

图 4-4　购物车页面

4.3 相关知识

4.3.1　了解 DIV+CSS

（1）什么是 DIV？

DIV 全称 division 意为“区块、分割”，DIV 标签是用来定义 Web 页面的内容中的逻辑区域的标签。DIV 标签是为 HTML 文档内大块的内容提供结构和背景的元素。简单来说，DIV 标签是一个设置区块容器的标签，即 <div> 和 </div> 之间相当于一个相对独立的容器，可以容纳段落、标题、图片、表格等各种 HTML 元素，用于将页面划分出不同的区域。

通过 DIV 将复杂的页面进行细分块，可以将问题细分来一个一个解决，所以通过 DIV 将页面分块是一个关键的工作，也是决定最终效果与质量的前提。

（2）什么是 CSS？

CSS（Cascading Style Sheet），其含义为层叠样式表，用于控制网页样式并允许将样式信息与网页内容分离的一种标记性语言。CSS 是为了弥补 HTML 的缺点而开发的工具，它和 HTML 结合使用，专门用来控制网页的外观。CSS 对网页中常用的控制可以分为两个方面：一方面是对网页内容格式的控制；另一方面是对网页整体的布局控制。本项目主要针对的是 CSS 对网页整体布局控制。

4.3.2　DIV+CSS 布局思路

DIV 承载的是网页的内容，将网页划分为几块，方便对网页进行管理，而 CSS 承载的是网页的表现样式，将网页进行外观美化，布局规范化。

视频

DIV+CSS布局

DIV+CSS 布局思路是：首先将网页使用 DIV 标签整体划分成几个板块，然后对各个板块进行 CSS 定位、美化，最后在各个板块中添加相应的内容。

在利用 DIV+CSS 布局页面时，首先要有一个整体的规划，包括整个页面分成哪些模块，各个模块之间的父子关系等。以最简单的框架为例，页面由导航条（banner）、主体内容（content）、菜单导航（links）和脚注（footer）几个部分组成，各个部分分别用自己的 id 来标识，如图 4-5 所示。

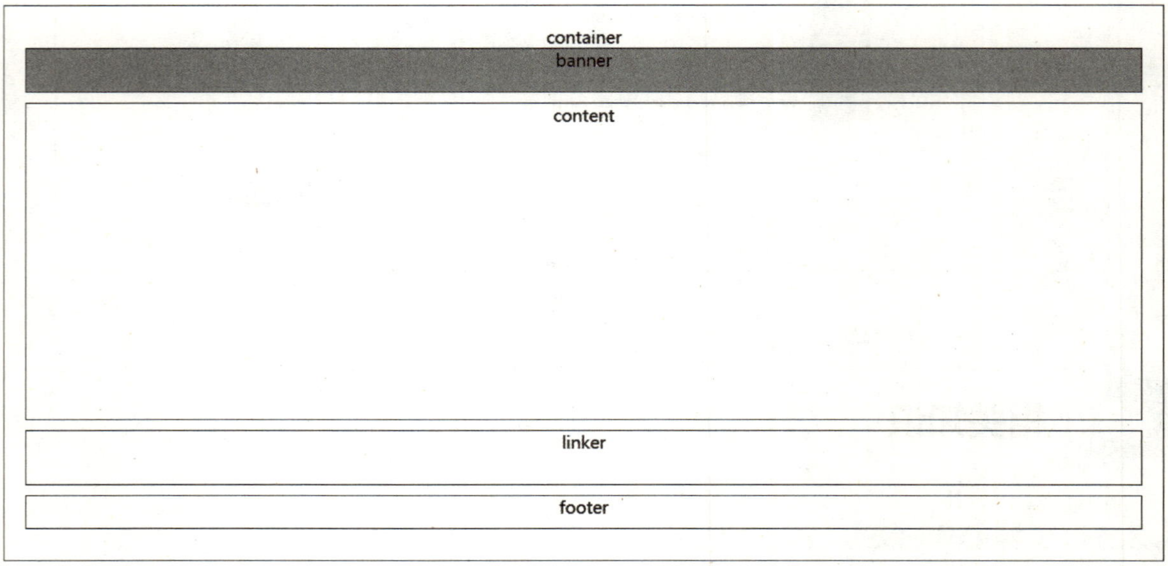

图 4-5　页面 HTML 框架

其页面中的 HTML 框架代码如下所示：

```
<body>
    <div id="container">container
    <div id="banner">banner</div>
    <div id="content">content</div>
    <div id="linker">linker</div>
    <div id="footer">footer</div>
    </div>
</body>
```

页面中 CSS 样式代码如下：

```
#container{ width: 70%;
text-align: center;
border: 1px solid black;
padding: 20px;
margin: 0 auto;}
#banner{    height: 40px;
background-color: aquamarine;
text-align: center;
border: 1px solid black;
margin-bottom: 10px;}
#content{    height: 300px;
border:1px solid black;
text-align: center;
margin-bottom: 10px;}
#linker{    height: 50px;
border:1px solid black;
text-align: center;
margin-bottom: 10px;}
#footer{    height: 30px;
border:1px solid black;
text-align: center;
margin-bottom: 10px;
}
```

上面例子中，每个板块都是一个 <div>，这里使用 CSS 中的 id 来表示各个板块，页面的所有 <div> 块都属于 container，一般的 <div> 排版都会在最外面加上这个父 <div>，便于对页面的整体进行调整。对每个 <div> 块，可以再加入各种元素或行内元素。针对每个板块 <div> 进行 CSS 定位及美化。每个板块的调整、美化都是定点查找，定点修改，就是即调即改，方便快捷。

4.3.3 常见布局

1. 固定宽度布局

（1）1 列固定宽度。

1 列式布局是所有布局的基础，也是最简单的布局形式。1 列固定宽度中，宽度的属性值是固定像素。下面举例说明 1 列固定宽度的布局方法，具体步骤如下：

CSS 样式代码：

```
<style>
#content{
    background-color: #ffcc33;
    border: 5px solid #ff3399;
    width: 500px;
    height: 350px;
}
</style>
```

正文代码：

```
<body>
    <div id="content">1 列固定宽度 </div>
</body>
```

在浏览器中浏览，由于是固定宽度，无论怎样改变浏览窗口大小，<div> 的宽度都不改变，如图 4-6 所示。

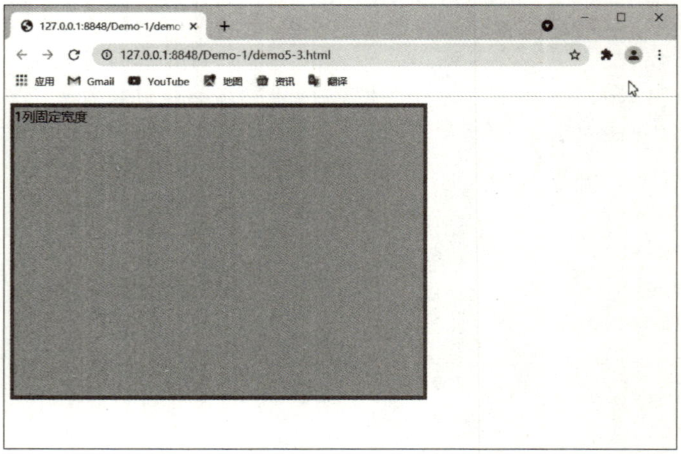

图 4-6　1 列固定宽度布局效果

提示：1 列固定宽度是常见的网页布局方式，多用于固定型的主页设计中，无论怎么改变浏览器的大小，块的宽度都不改变。

（2）2 列固定宽度。

两列固定宽度非常简单，两列的布局需要用到两个 <div>，分别把两个 <div> 的 id 设置为 left

与 right，表示两个 <div> 的名称。首先为它们设置宽度，然后让两个 <div> 在水平线中并排显示，从而形成 2 列布局，具体步骤如下：

CSS 样式代码：

```
<style>
    #left{
        background-color: #00cc33;
        border: 1px solid #ff3399;
        width: 250px;
        height: 250px;
        float: left;
        }
    #right{
        background-color: #ffcc33;
        border: 1px solid #ff3399;
        width: 250px;
        height: 250px;
        float: left;
        }
</style>
```

正文代码：

```
<body>
    <div id="left">左列 </div>
    <div id="right">右列 </div>
</body>
```

在使用了简单的 float 属性之后，2 列固定宽度的 <div> 就能够完整地显示出来。在浏览器中浏览，如图 4-7 所示为 2 列固定宽度布局。

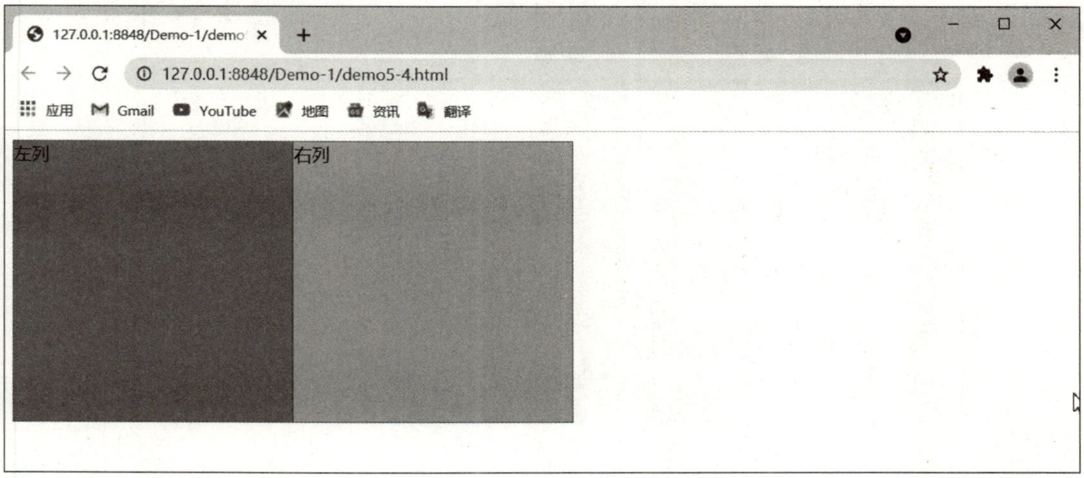

图 4-7　2 列固定宽度布局

2. 可变宽度布局

（1）1 列自适应。

自适应布局是在网页设计中常见的一种布局形式，自适应的布局能够根据浏览器窗口的大小，自动改变其宽度或高度值，是一种非常灵活的布局形式，良好的自适应布局网站对不同分辨率的显示器都能提供最好的显示效果。自适应布局需要将宽度由固定值改为百分比。下面是 1 列自适应布局的 CSS 代码。

```
<!DOCTYPE html>
<html>
    <head>
        <meta charset="utf-8">
        <title>1 列自适应布局 </title>
        <style>
            html,body{margin: 0;height: 100%;}
            #Layer{background-color: #ffcc33;border: 5px solid #ff3399;
                   width: 70%;height: 70%;}
        </style>
    </head>
    <body>
        <div id="Layer">1 列自适应 </div>
    </body>
</html>
```

这里将宽度和高度值都设置为 70%，从浏览效果中可以看到，<div> 的宽度已经变为了浏览器宽度的 70% 的值，当扩大或缩小浏览器窗口大小时，其宽度和高度还将维持在与浏览器当前宽度比例的 70%，如图 4-8 和图 4-9 所示。

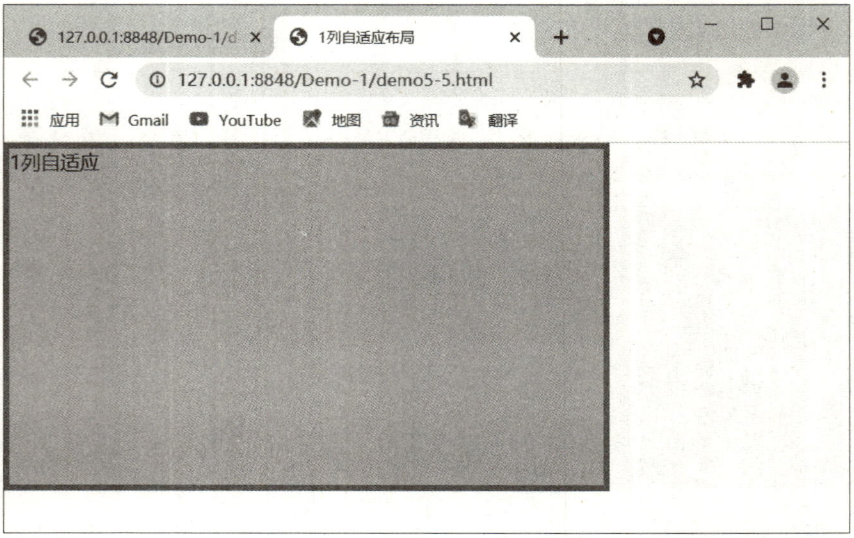

图 4-8　窗口变小

图 4-9 窗口变大

自适应布局是比较常见的网页布局方式，如图 4-10 所示的网页就采用自适应布局。

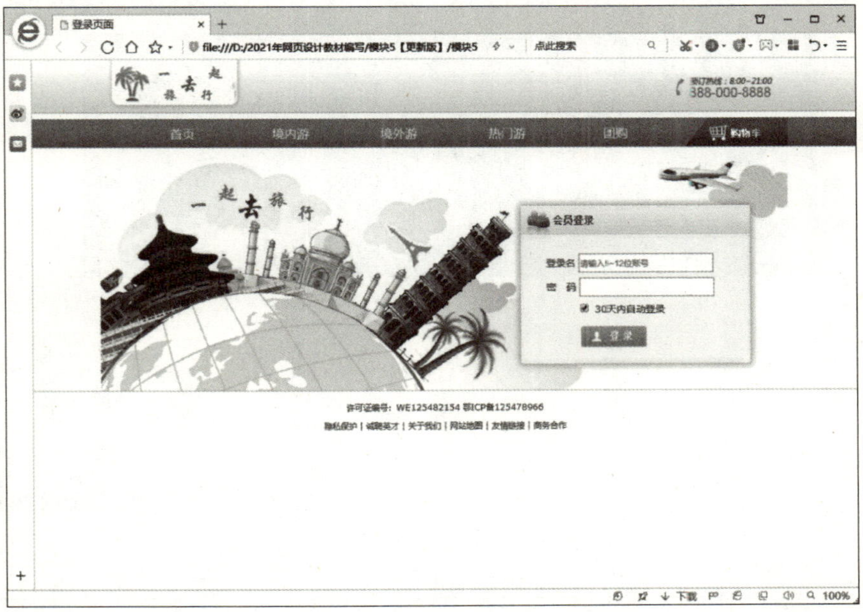

图 4-10 自适应布局

（2）2 列宽度自适应。

下面使用 2 列宽度自适应性，来实现左右栏宽度自动适应，自适应主要通过宽度的百分比值设置。CSS 代码修改为如下。

视频

可变宽度布局

```
<style>
    #left{
        background-color: #00cc33;
        border: 1px solid #ff3399;
        width: 60%;
        height: 250px;
        float: left;
        }
```

```
        #right{
            background-color: #ffcc33;
            border: 1px solid #ff3399;
            width: 30%;
            height: 250px;
            float: left;
            }
    </style>
```

这里主要修改了左栏宽度为60%，右栏宽度为30%。在浏览器中浏览效果如图4-11和图4-12所示，无论怎样改变浏览器窗口大小，左右两栏的宽度与浏览器窗口的百分比都不改变。

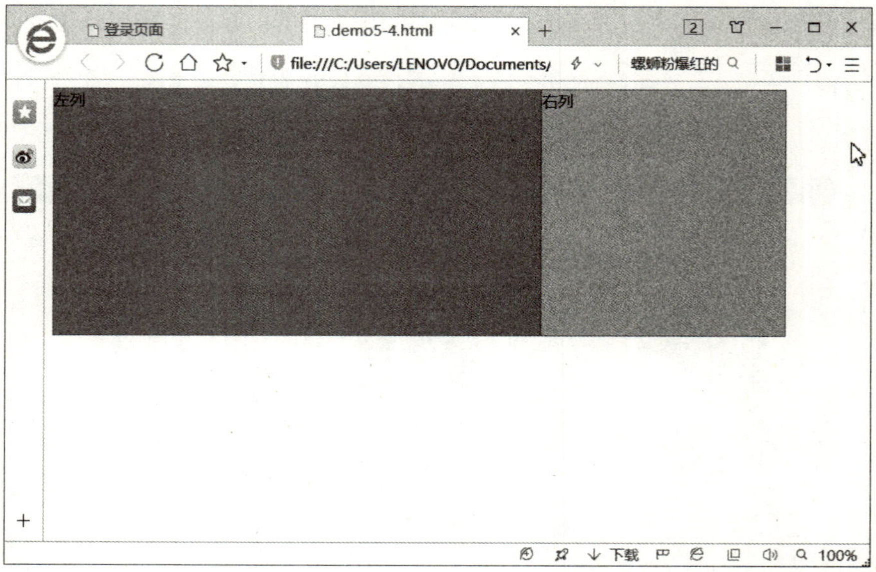

图4-11　浏览器窗口变小效果

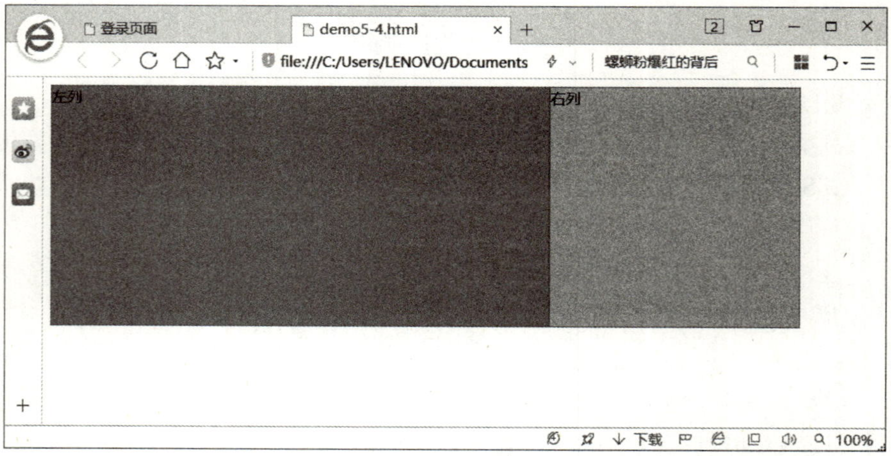

图4-12　浏览器窗口变大效果

网页采用 2 列宽度自适应布局如图 4-13 所示。

图 4-13　2 列宽度自适应布局

（3）2 列右列宽度自适应。

在实际应用中，有时候需要左栏固定宽度，右栏根据浏览器窗口大小自动适应，在 CSS 中只需要设置左栏的宽度即可，如上例中左右栏都采用了百分比实现了宽度自适应，这里只需要将左栏宽度设定为固定值，右栏不设置任何宽度值，并且右栏不浮动，CSS 样式代码如下。

```
<style>
    #left{
        background-color: #00cc33;
        border: 1px solid #ff3399;
        width: 200px;
        height: 250px;
        float: left;
        }
    #right{
        background-color: #ffcc33;
        border: 1px solid #ff3399;
        height: 250px;
        }
</style>
```

这样，左栏将呈现 200px 的宽度，而右栏将根据浏览器窗口大小自动适应，如图 4-14 和图 4-15 所示。

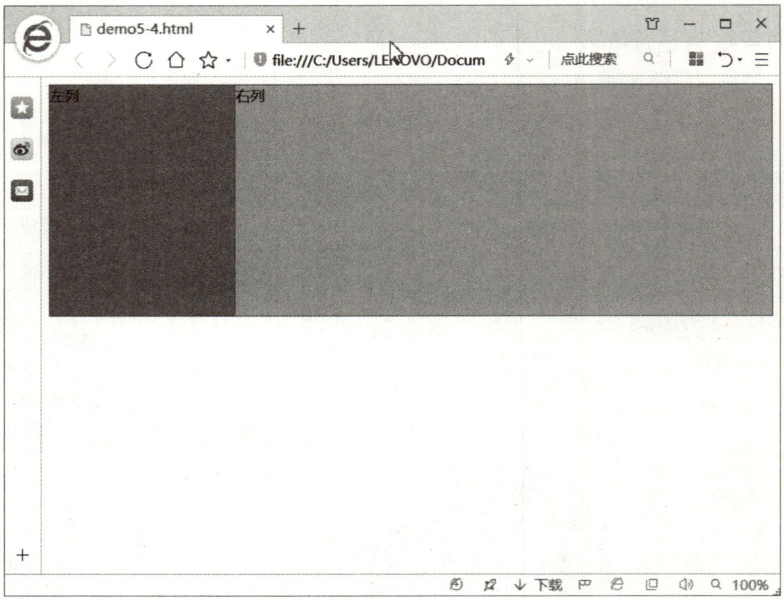

图 4-14　左栏宽度固定时，浏览器窗口变小效果

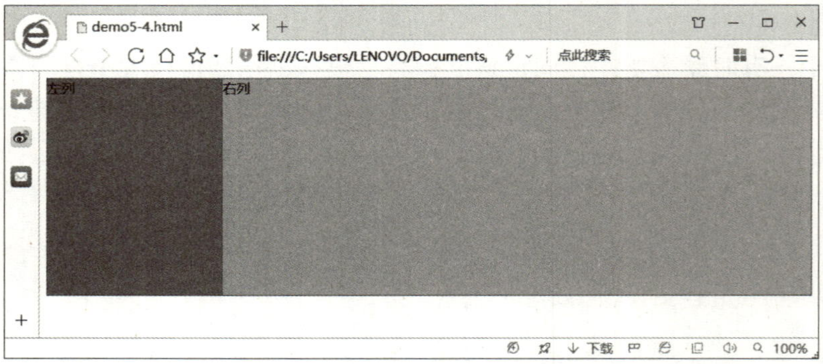

图 4-15　左栏宽度固定时，浏览器窗口变大效果

（4）3 列浮动中间宽度自适应。

使用浮动定位方式，从一列到多列的固定宽度及自适应，基本上可以简单完成，包括 3 列固定宽度。现在提出一个新的要求，希望有一个 3 列式布局，其中左栏要求固定宽度，并居左显示，右栏要求固定宽度并居右显示，而中间栏需要在左栏和右栏的中间，根据左右栏的间距变化自动适应。

在开始这样的 3 列布局之前，有必要回顾一下定位方式——绝对定位，绝对定位使用 position 属性来实现。

3 列浮动中间宽度自适应布局的创建，具体操作步骤如下：

CSS 样式代码：

```
<style>
body{margin: 0px;}
#left{
    background-color: #ffcc00;
```

```
    border: 3px solid #333333;
    width: 100px;
    height: 250px;
    position: absolute;top:0px;left: 0px;
}
#center{
    background-color: #ccffcc;
    border: 3px solid #333333;
    height: 250px;
    margin-left: 100px;
    margin-right: 100px;
}
#right{
    background-color: #ffcc00;
    border: 3px solid #333333;
    width: 100px;
    height: 250px;
    position: absolute;
    right: 0px;
    top: 0px;
}
</style>
```

正文代码：

```
<body>
        <div id="left"> 左列 </div>
        <div id="center"> 中间列 </div>
        <div id="right"> 右列 </div>
 </body>
```

在浏览器中浏览，如图 4-16 和图 4-17 所示。

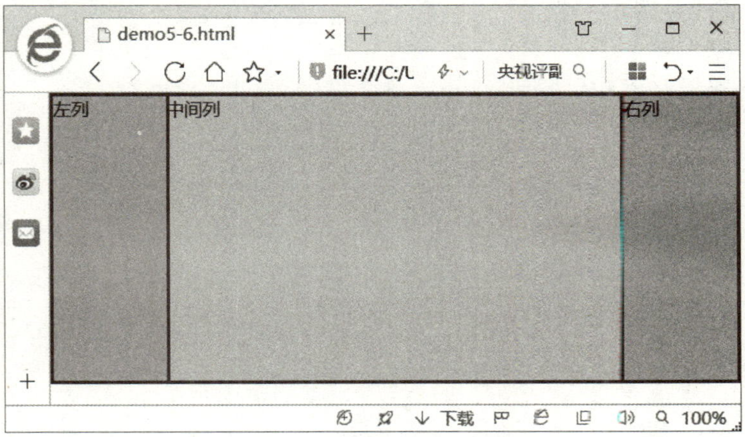

图 4-16　中间宽度自适应小窗口

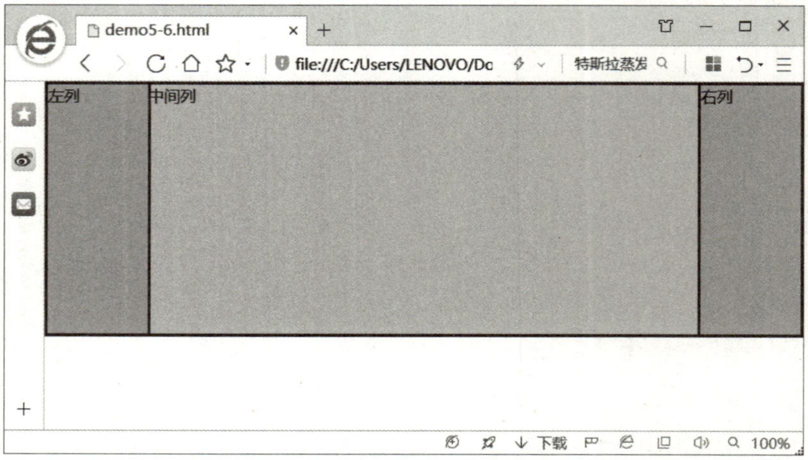

图 4-17 中间宽度自适应大窗口

（5）3 行 2 列居中高度自适应。

现在来讲一下 3 行 2 列居中高度自适应布局的创建，具体操作步骤如下。

CSS 样式代码：

```
<style type="text/css">
    #header{
        width: 776px;
        margin-right: auto;
        margin-left: auto;
        padding: 0px;
        background:#ff9900;
        left: 60px;
        text-align: left;
    }
    #contain{
        margin-right: auto;
        margin-left: auto;
        width: 776px;
    }
    #mainbg{
        width: 776px;
        padding: 0px;
        background: #60A179;
        float: left;
    }
    #right{
        float: right;
        margin: 2px 0px 2px 0px;
```

```
        padding: 0px;
        width: 574px;
        background: #ccd2de;
        text-align: left;
    }
    #footer{
        clear: both;
        width: 776px;
        margin-right: auto;
        margin-left: auto;
        padding: 0px;
        background: #ff9900;
        height: 60px;
    }
    .text{
        margin: 0px;
        padding: 20px;
    }
</style>
```

正文代码：

```
<div id="header">页眉</div>
<div id="contain">
    <div id="mainbg">
      <div id="right">
      <div class="text">右
    <p> </p>
    <p> </p>
   <p> </p>
   <p></p>
   <p></p>
</div>
     </div>
     <div id="left">
      <div class="text">左</div>
     </div>
    </div>
   </div>
   <div id="footer">页脚</div>
```

在浏览器中浏览，如图 4-18 所示。

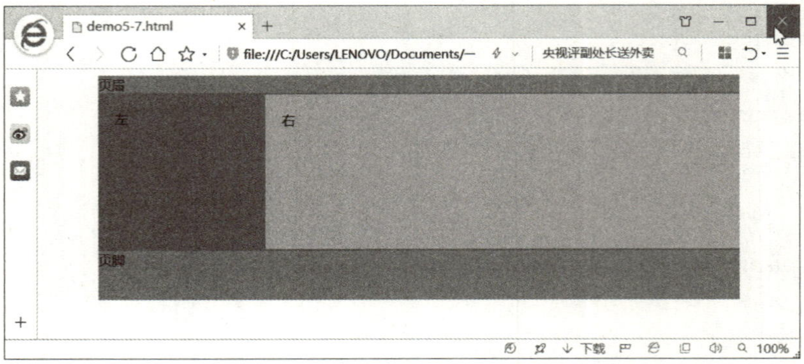

图 4-18　3 行 2 列居中高度自适应布局

3. 综合应用

为了保证网页的格式整齐、清晰，常常将 DIV 和 CSS 结合起来使用。制作如图 4-19 所示的效果，下面将本次任务注意点进行说明：

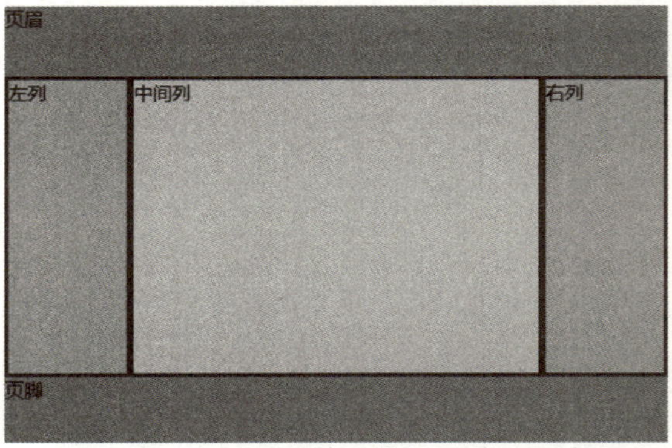

图 4-19　3 行 3 列浮动中间宽度自适应布局

参考代码：

```
<div id="header">页眉</div>
        <div id="contain">
            <div id="mainbg">
                <div id="left">左列</div>
                <div id="center">中间列</div>
                <div id="right">右列</div>
            </div>
</div>
<div id="footer">页脚</div>

<style>
            body{margin: 0px;}
            #header{
                width: 560px;margin-right: auto;margin-left: auto;
                padding: 0px;background: #ff9900;height: 60px;
            }
```

```
#contain{
    margin-right: auto;margin-left: auto;width: 560px;
    background-color: #CCD2DE;height: auto;
}
 #left{
    background-color: #ffcc00;border: 3px solid #333333;width: 100px;
    height: 250px; float: left;
}
#center{
    background-color: #ccffcc;border: 3px solid #333333;height: 250px;
    float: left; width:342px;
}
#right{
    background-color: #ffcc00;border: 3px solid #333333;width: 100px;
    height: 250px; float: right;
}
#footer{
    clear: both;width: 560px;margin-right: auto;margin-left: auto;
    padding: 0px;background: #ff9900;height: 60px;
}</style>
```

4.3.4 DIV+CSS 布局的应用

1. 任务内容

使用 DIV+CSS 的方法实现如图 4-4 所示的“购物车”页面的布局。

2. 用 DIV+CSS 布局的步骤

用 DIV+CSS 布局网页时，一般采用如下的步骤。

（1）首先对页面有一个整体的构思和规划。

（2）分析、规划网页的整体框架结构。把网页分成几个大块，每个大块根据需要可以包含几个小块，明确块与块之间的包含关系，每一个块中包含若干小块，都用 DIV 标签组织。整个页面的框架如图 4-20 所示。

图 4-20 用 DIV 块表示网页框架

（3）编写网页文件内容对应的HTML代码。在此步骤中需要建立网页文件，在其中插入需要的DIV标签，并把网页内容填写入对应的DIV块中。

（4）编写CSS代码，实现对各个DIV块的定位和外观设置。

参考代码：

```
<body>
<!-- 头部 -->
<div id="top-cont">
  <div id="top-min">
    <div id="min-left"></div>
    <div id="min-right"></div>
  </div>
</div>
<div id="menu">
  <div id="menu-m">
    <ul>
      <li><a href="index.html">首页</a></li>
      <li style="width:8px;"><img src="images/t1.jpg" width="8" height="42" />
</li>
      <li><a href="type.html">境内游</a></li>
      <li style="width:8px;"><img src="images/t1.jpg" width="8" height="42" />
</li>
      <li><a href="#">境外游</a></li>
      <li style="width:8px;"><img src="images/t1.jpg" width="8" height="42" />
</li>
      <li><a href="#">热门游</a></li>
      <li style="width:8px;"><img src="images/t1.jpg" width="8" height="42" />
</li>
      <li><a href="group.html">团购</a></li>
      <li><a href="cart.html"><img src="images/che.jpg" width="176" height=
"42" /></a></li>
    </ul>
  </div>
</div>
<!-- 广告位图片 -->


<!-- 注册版块 -->
<div id="shop">
  <div id="shop-t">
    <div id="shop-l"><img src="images/sh.jpg" width="74" height="67" /></div>
```

```
    <div id="shop-r">我的购物车</div>
  </div>
  <div id="shop-inf">
    <ul>
      <li class="xh">序号</li>
      <li class="lx">路线名称</li>
      <li class="rs">单价</li>
      <li class="dj"><a href="#">下单</a></li>
      <li class="cz">操作</li>
    </ul>
  </div>
  <div id="shop-xx">
    <ul id="shop1">
      <li class="xh">1</li>
      <li class="lx">
        <div id="luxian">
          <ul>
            <li><a href="images/pic1.jpg" title="桂林"><img src="images/pic1.
jpg" width="87" height="58"  /></a></li>
            <li><a href="#">产品编号：f45efb23 线路名：桂林 1 日游【交通工具 + 火车】</a>
</li>
          </ul>
        </div>
      </li>
      <li class="rs">￥234</li>
      <li class="dj"><a href="order.html">下单</a></li>
      <li class="cz"><a href="#" class="btnDel" ><span style="color:#F60;
text-decoration:underline;">删除</span></a></li>
    </ul>
    <ul id="shop2">
      <li class="xh">2</li>
      <li class="lx">
        <div id="luxian">
          <ul>
            <li><a href="images/pic2.png" title="厦门"><img src="images/pic2.
png" width="87" height="58" /></a></li>
            <li><a href="#">产品编号：39252b36d 线路名：厦门 2 日游【交通工具 + 飞机】
</a></li>
          </ul>
        </div>
      </li>
```

```
        <li class="rs"> ¥765</li>
        <li class="dj"><a href="order.html"> 下单 </a></li>
        <li class="cz"><a href="#" class="btnDel"><span style="color:#F60; text-decoration:underline;"> 删除 </span></a></li>
    </ul>
    <ul id="shop3">
        <li class="xh">3</li>
        <li class="lx">
            <div id="luxian">
                <ul>
                    <li><a href="images/pic3.jpg" title=" 宁夏 "><img src="images/pic3.jpg" width="87" height="58" /></a></li>
                    <li><a href="#"> 产品编号：24b958r6 线路名：宁夏 1 日游【交通工具 + 飞机】</a></li>
                </ul>
            </div>
        </li>
        <li class="rs"> ¥897</li>
        <li class="dj"><a href="order.html"> 下单 </a></li>
        <li class="cz"><a href="#" class="btnDel"><span style="color:#F60; text-decoration:underline;"> 删除 </span></a></li>
    </ul>

   <ul id="shop4">
        <li class="xh">4</li>
        <li class="lx">
            <div id="luxian">
                <ul>
                    <li><a href="images/fhgc.jpg" title=" 凤凰古城 "><img src="images/fhgc.jpg" width="87" height="58" /></a></li>
                    <li><a href="#"> 产品编号：24b967f7 线路名：凤凰古城 5 日游【交通工具 + 飞机】</a></li>
                </ul>
            </div>
        </li>
        <li class="rs"> ¥2888</li>
        <li class="dj"><a href="order.html"> 下单 </a></li>
        <li class="cz"><a href="#" class="btnDel"><span style="color:#F60; text-decoration:underline;"> 删除 </span></a></li>
    </ul>
```

```
</div>
<div id="fanye"><a href="#">首页</a> <a href="#">上一页</a> <a href="#">下一页
</a> <a href="#">尾页</a></div>
<div id="jine">应付金额：<span style="color:#F00;"></span>元</div>
<div id="js">
  <input name="button" type="image" id="button" value="提交" src="images/js.jpg" />
</div>
</div>

<!-- 底部 -->
<div id="foot">
  <div id="foot-t">
    <p>许可证编号：WE125482154 鄂 ICP 备 125478966</p>
    <p><a href="#">隐私保护</a> | <a href="#">诚聘英才</a> | <a href="#">关于我们</a>
| <a href="#">网站地图</a> | <a href="#">友情链接</a> | <a href="#">商务合作</a></p>
  </div>
</div>
<div class="mask"></div>


<div class="dialog">
  <div class="title">
    <img src="images/del.png" id="closePic" title="关闭"/> </div>
  <div class="content"> <p>您真的要删除这条记录吗？</p></div>
  <div class="” bottom” >
    <input type="button" value="" class="btn1"  id="btnSure"/>
    <input type="button" value="" class="btn1" id="btnCancel" />
  </div>
</div>
</body>
```

4.3.5 使用 iframe 标签实现页面布局重构

1. 认识 iframe 标签

iframe 标签，又叫浮动帧标记，其标签创建包含另一个文档的行内框架（内联框架）。

iframe 标签用来实现 HTML 主页面嵌套 HTML 子页面，HTML 主页面和 HTML 子页面内容相互融合，成为一个整体，另外，还可以多次在一个页面内显示同一内容，而不必重复写内容，就像是“画中画”电视。

iframe 标签其用途：

- 可以用于嵌入第三方资源，比如广告、视频或音频等等。使用 iframe 可以保证页面代码的简洁，还能让文档之间有隔离不用担心相互之间有影响。
- 在 HTML5 出现之前还能解决无刷新文件上传、长轮询等功能，但 HTML5 出现后就被统一处理了，所以 iframe 标签使用的情况少了很多。

ifraem 标签的基本语法，如下：

```
<iframe src=" 文件路径 "></frame>
```

2. iframe 标签常用属性（见表 4-1）

表 4-1　iframe 标签常用属性

属　性	说　明
src	指定网页的地址
width	内嵌网页的宽度
height	内嵌网页的高度
frameborder	0/1 表示是否显示边框（0 为否）
scrolling	yes/or/auto 是否显示滚动条
id	为框架的唯一标识
name	会和标签中的 name 相互对应

视 频

iframe标签实现页面布局重构

下面用一个案例来说明 iframe 常用属性。

（1）HTML 文档中的代码如下所示：

```
<!DOCTYPE html>
<html>
    <head>
        <meta charset="utf-8">
        <title></title>
    </head>
  <body>
          <a href="0315-1.html" target="test"> 页面 1</a>
          <a href="0315-2.html" target="test"> 页面 2</a>

          <div id="contain">
              <div style="margin-top: 10px;margin-bottom: 10px;">iframe
内嵌网页实例 </div>

              <iframe id="Myframe" name="test" width="800px"
height="500px"></iframe>
          </div>
          <!-- 这样就实现了两个 a 标签点击后都只在一个 iframe 中呈现了 -->
  </body>
</html>
```

（2）该案例浏览器中最终显示效果如图 4-21 所示。

图 4-21　iframe 标签常用属性

3. 综合应用

iframe 是一个内联框架，可以在当前 HTML 页面中嵌入另一个文档，一般情况下使用 iframe 直接在页面嵌套 iframe 标签再指定 src 就可以了。

使用 iframe 标签及其属性制作如图所示的内嵌网页，让网页布局可以进行重构，如图 4-22、图 4-23 所示。

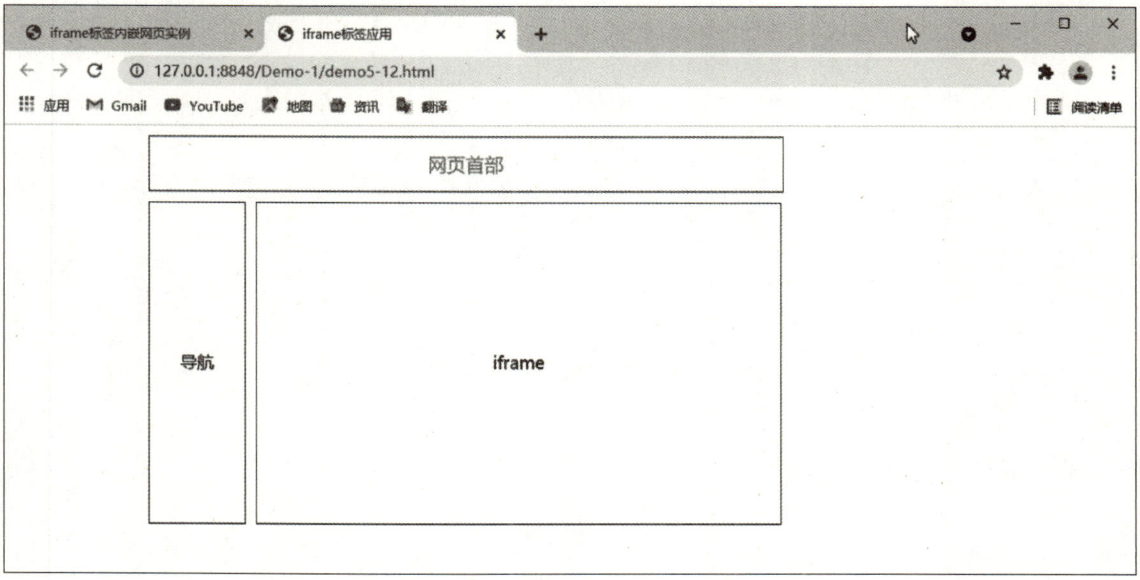

图 4-22　项目框架

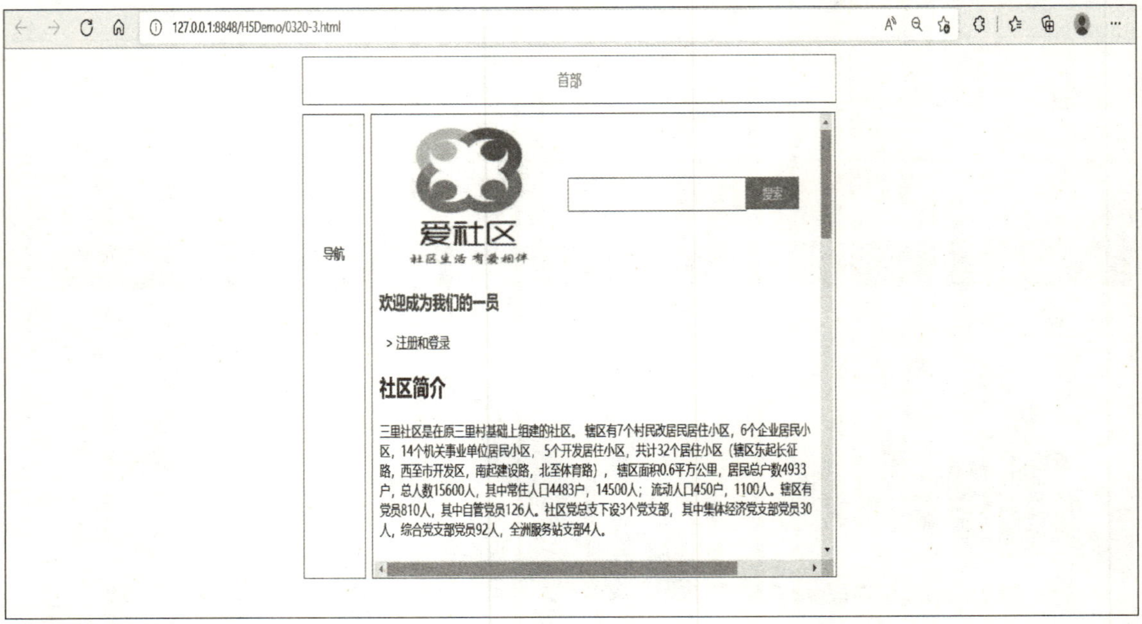

图 4-23　任务效果

参考代码：

```
<body>
        <div id="TT">
            <div id="header">首部</div>
            <div id="contain">
                <div id="nav">导航</div>
                <div id="Myframe">
                    <iframe width="690" height="500" frameborder="0"
                     scrolling="auto" src="sanli.html"></iframe>
                </div>
            </div>
        </div>
    </body>

<style type="text/css">
            body{
                margin:*;
            }
            #TT{
                margin: 0 auto;
                width: 800px;
```

```
    }
    #header{
        width: 800px;
        height: 50px;
        text-align: center;
        color: #FF7F50;
        font-size: 18px;
        margin-top: 10px;
        border: 1px solid #0000FF;
        line-height: 50px;
    }
    #contain{
        width: 800px;
        margin-top: 10px;
    }
    #nav{
        height: 500px;
        float: left;
        margin-right: 10px;
        width: 90px;
        border: 1px solid #0000FF;
        text-align:center;
        line-height: 300px;
    }
    #Myframe{
        height: 500px;
        float: left;
        width: 696px;
        border: 1px solid #0000FF;
        text-align: center;
        line-height: 300px;
    }
</style>
```

4.4 项目实施

4.4.1 需求分析

“一起去旅行”网站是一个集合了“吃、住、行、游、购、娱”六大要素功能的一个综合型网站。该网站的主要目标是为用户提供一个方便和快捷的通道，使得用户可以轻松的进行景点的选择和酒店、旅游团的预订。本网站包括注册、登录、首页、团购、购物车、订单、旅游详情等内容。本项目以完成“一起去旅行”网站中的“旅游景点详情”网页。

4.4.2 项目组织

学生独自选材，独立完成。

4.4.3 项目流程

1. 素材收集整理

明确所选旅游景点，整理所需图片资源，填写表 4-2。

表 4-2 项目准备记录表

日期	
完成人	
所选社区	
搜集素材	

2. 项目编码

下面展示该项目完成的关键代码，仅供参考。

关键代码 1：

```
<body>
<!-- 头部 -->
<div id="top-cont">
<div id="top-min">
<div id="min-left"></div>
<div id="min-right"></div>
</div>
</div>
<!-- 导航 -->
<div id="menu">
<div id="menu-m">
<ul>
<li><a href="index.html">首页</a></li>
<li style="width:8px;"><img src="images/t1.jpg" width="8" height="42" /></li>
<li><a href="type.html">境内游</a></li>
<li style="width:8px;"><img src="images/t1.jpg" width="8" height="42" /></li>
<li><a href="#">境外游</a></li>
```

```
<li style="width:8px;"><img src="images/t1.jpg" width="8" height="42" /></li>
<li><a href="#">热门游</a></li>
<li style="width:8px;"><img src="images/t1.jpg" width="8" height="42" /></li>
<li><a href="group.html">团购</a></li>
<li><a href="cart.html"><img src="images/che.jpg" width="176" height="42"/></
a></li>
</ul>
</div>
</div>
<!-- 广告位图片 -->
<div id="banner"><img src="images/banner.jpg" width="1003"height="93" /></div>

<!-- 主体内容第一部分开始 -->
<div class="jindck">
<div class="jindck-meun">[多重优惠+超值赠送]品质全景，张家界、凤凰、天门山、宝峰湖纯
玩双飞5日游<img src="images/tjcp.jpg" width="40" height="40" /><img src=
"images/fk.jpg" width="40" height="40" /></div>
<div class="jin2">
<div class="jin2-left">
<ul>
<li>
<a href="" title="">
<img src="images/fhgc.jpg" width="400" height="250" />
</a>
</li>
<li class="pics"><a href="images/jdckb1.jpg" class="zoom" title="凤凰古城" >
<img src="images/jdcks1.jpg" width="100" height="63" /></a></li>
<li class="pics"><a href="images/jdckb2.jpg" class="zoom" title="凤凰古城">
<img src="images/jdcks2.jpg" width="100" height="63" /></a></li>
<li class="pics"><a href="images/jdckb3.jpg" class="zoom" title="凤凰古城">
<img src="images/jdcks3.jpg" width="100" height="63" /></a></li>
</div>
<div class="jin2-right">
<ul>
<li>一起去旅行价：<span class="colorc">￥2988</span></li>
<li>团购价：<strong>￥2888</strong> 起</li>
<li>最大优惠：￥100</li>
<li>出游天数：5天</li>
<li>出游人数：已有<span>0</span>人出游此线路</li>
```

```
<li>提前报名：建议提前一天报名</li>
<li><a href="cart.html"><img src="images/jgwc.jpg" width="122" height="42" />
</a>    <a href="order.html"><img src="images/js.jpg"
width="123" height="43" /></a></li>
</ul>
</div>
</div>
<div class="tuijian">
<div class="tuijian-m">推荐理由</div>
<div class="tuijian-inf">
<ul>
<li>含3早6正，早餐6元/人/餐，正餐15元/人/餐（十人一桌、四荤四素、八菜一汤、不含酒
水）</li>
<li>标准等当地非星级酒店，参考酒店，长沙：万怡商务酒店、广圣风景酒店、佳居酒店；武陵源：永辉、
福立德；凤凰 ：星期八酒店、慢走商务 (2-3人间，独立卫生间、彩电、定时热水19:00—23:00、定时空
调，无一次性用品)。</li>
<li>轻松休闲之旅，漫步古城，体会千年文化。</li>
</ul>
</div>
<div class="tuijian-t">特别优惠</div>
<div class="tuijian-inf">
<ul>
<li>凤凰古城是国家历史文化名城，曾被新西兰著名作家路易艾黎称赞为中国最美丽的小城。</li>
<li>热热闹闹的土家风情园，感受当地独特的人文底蕴。</li>
<li>武昌/长沙往返空调火车硬座，当地空调旅游车（保证一人一座）</li>
</ul>
</div>
</div>
<div class="jianjie">
<div class="jianjie-m">景点简介</div>
<div> 张家界土家风情园坐落在风景明珠张家界市境内。交通十分便利，距机场、火车站仅十分钟车程。
园区占地80余亩，总投资7 500万元，是一座人文景观与自然景观相融合，集旅游观光、文艺表演、奇珍
展览、住宿、餐饮、娱乐、购物等于一体的大型综合性旅游服务企业。土家风情园主要由土家建筑群落、
民风民俗展示、文艺演出、客房、餐饮、大型狩猎场、珍稀植物园、根雕基地等功能区构成。 园内建筑多
为木石结构，雕梁画栋，金碧辉煌，飞檐翘角，玲珑雅致。代表作有土司城堡、摆手堂、土家山寨、扈王
宫等。特别是冲天楼，依山造阁，气势恢宏，楼高48米，九重十二层，曲径回复，独具匠心，曾荣获
&ldquo;九重天&rdquo;&ldquo;千人毛古斯&rdquo;两项世界吉
尼斯之最，土家园林艺术等丰富多彩</div>
```

```
</div>
<div class="tuijian">
  <div class="tuijian-m">温馨提示</div>
  <div class="tuijian-inf">
    <ul>
      <li>按 2 人入住 1 间房核算，如出现单男单女，尽量安排该客人与其他同性别团友拼房；如不愿拼房或未能拼房，请补齐单房差以享用单人房间。</li>
      <li>当地购物时请慎重考虑，把握好质量与价格，务必索要发票。</li>
      <li>出团通知最晚于出团前 1 天发送，若能提前确定，我们将会第一时间通知您。</li>
      <li>出游过程中，如产生退费情况，以退费项目旅行社折扣价为依据，均不以挂牌价为准。</li>
      <li>如遇国家政策性调整门票、交通价格等，按调整后的实际价格结算。</li>
    </ul>
  </div>
</div>
</div>
<!-- 主体内容第一部分结束 -->
<!-- 底部 -->
<div id="foot">
<div id="foot-t"><p>许可证编号：WE125482154 鄂ICP备125478966</p>
<p><a href="#">隐私保护</a> | <a href="#">诚聘英才</a> | <a href="#">关于我们</a>
|<a href="#">网站地图</a>|<a href="#">友情链接</a> | <a href="#">商务合作</a></p>
</div>
</div>
</body>
```

关键代码 2：

```
@charset "gb2312";
// CSS Document
html {
_height:100%;
}
body {margin:0 0; font-size:12px; font-family:Verdana; line-height:1.5;
background:url(../images/con_bg.jpg) 0 0 repeat-x; background-color:white;_
height:100%;}
ul,dl,dd,h1,h2,h3,h4,h5,h6,form,p { padding:0; margin:0;}
ul {list-style:none;}
img {border:0px;}
a {color:#676767; text-decoration:none;}
a:hover {color:#333; text-decoration:underline;}
```

```
h2{ font-size:12px; font-weight:100;}
.clearfloat {clear:both;height:0;font-size: 1px;line-height: 0px;}

//body
#top-cont{ width:100%; height:79px; background:url(../images/top-bg.jpg) 0 0
repeat-x;}
#top-min{ width:1003px; margin:0 auto;}
#min-left{ float:left; width:217px; height:79px; background:url(../images/
logo.
jpg) 0 0 no-repeat;}
#min-right{ float:right; width:178px; height:79px; background:url(../images/
phone.jpg) 0 0 no-repeat;}
#min-m{ float:left; width:944px; height:374px;}

#menu{ width:100%; margin:8px auto; background:url(../images/menu.jpg) repeat-x;
height:42px;}
#menu-m{ width:1003px; margin:0 auto; height:42px;}
#menu-m ul{ padding-left:45px;}
#menu-m ul li{ float:left; width:150px; text-align:center;}
#menu-m ul li a{ font-family:" 楷体 "; font-size:18px; color:#FFF; line-height:42px;}
#menu-m ul li a:hover{ font-family:" 楷体 "; font-size:18px; color:#FF9; line-height:
42px; text-decoration:none;}

.banner{ width:540px; float:left; }
.jindck{ width:960px; margin:10px auto; overflow:auto; border:1px #329900 solid;
padding:5px;}
.jindck-meun{ background:url(../images/gty.jpg) top right no-repeat;
height:63px; font-size:22px; font-family:" 楷体 "; color:#090; font-weight:bold;
padding-left:20px; line-height:60px; }

.jin2{ margin:20px; height:360px;}
.jin2-left{ float:left; width:410px;}
.jin2-left ul li.pics{
    float:left;
    border:1px solid #FC0;
    margin:20px 10px;
}
.jin2-right{ float:right; width:480px;}
.jin2-right ul li{ line-height:38px;}
```

```
.jin2-right ul li strong{ font-size:22px; color:#F60; font-weight:bold;}
.jin2-right ul li span{color:#F60; font-size:12px; font-weight:normal;}

.tuijian{ border:1px #fde1bc solid; margin:20px;}
.tuijian-m{ color:#9a6610; font-weight:bold; background-color:#fff5da; line-
height:30px; padding-left:10px;}
.tuijian-t{ color:#cc0000; font-weight:bold; background-color:#fff5da; line-
height:30px; padding-left:10px;}
.tuijian-inf{ padding:10px; }
.tuijian-inf ul li{line-height:26px; color:#333; background:url(../images/d.
jpg) 0 10px no-repeat; padding-left:15px;}
.jianjie{ margin:20px;  }
.jianjie-m{font-size:16px; font-family:"楷体"; font-weight:bold; color:#030;
background-color:#FFC; line-height:50px; background:url(../images/tjjd.jpg)
5px 10px no-repeat; padding-left:50px;}

.jianjie-inf{ padding:10px; line-height:26px; color:#333;}

#foot{ width:100%; height:70px; padding-top:10px; border-top:1px #CCC solid;
clear:both}
#foot-t{ width:900px; margin:0 auto; text-align:center; color:#676767; line-
height:26px;}
```

3. 项目验收

填写表 4-3 进行项目总结。

表 4-3　项目总结记录

项目完成人	
项目完成所用时间	
项目效果	
改进之处	

习题

一、单选题

1. 如果要将网页中的两个 div 对象制作为重叠效果，(　　)。

   A. 是不可能的

   B. 利用表格标记 <table>

C. 利用样式表定义中的绝对位置与相对位置属性

D. 利用样式表定义中的 z-index 属性

2. 下列哪个样式定义后，可以使文字居中（　　）。

A. display:inline　　B. text-align:center

C. overflow:hidden　　D. float:center

3. 下列（　　）标签是 HTML 常用的块级标签。

A. <span>　　B. <a>　　C.
　　D. <h1>

4. 在 CSS 中，属性 padding 是指（　　）。

A. 内边距　　B. 外边距　　C. 外边框　　D. 内边框

5. 有关框架与表格的说法正确的有（　　）。

A. 框架对整个窗口进行划分

B. 每个框架都有自己独立的网页文件

C. 表格比框架更有用

D. 表格对页面区域进行划分

6. 下列（　　）属性能够设置盒模型的左侧外边距。

A. margin-left　　B. margin

C. indent　　D. text-indent

7. 以下关于标准文档流的说法正确的是（　　）。

A. 标题标签、段落标签、<span> 标签都是块级标签

B. <div> 标签可以包含在 <span> 标签内

C. display 属性可以控制块级元素和内联元素的显示方式

D. <div>…</div> 标签是内联元素

8. 下列（　　）可以设置网页中某个标签的右外边距为 5px。

A. margin:5px 0 0 0;　　B. margin:0 5px

C. padding-right:5px;　　D. margin:0 5 0 0px

9. 在网页文档中，如果包含了 frameset 标签，则不能包含有（　　）标签。

A. <body>　　B. <frame>

C. </frame>　　D. <frameset>

10. 为了让以下 id 为 container 的 div 能够水平居中，需要的 CSS 样式是（　　）。

```
<div id="container">页面正文</div>
```

A. #container{width:880px;padding:0px auto;}

B. #container{width:880px;padding:auto 0px;}

C. #container{width:880px;margin:auto 0px;}

D. #container{width:880px;margin:0px auto;}

11. 下列选项中，可以为元素清除默认内外边距的是（　　）。

A. font-size：0；　　B. line-height：0

C. padding：0；　　　D. margin：0

12. 以下关于 CSS+DIV 布局中关于盒子模型说法错误的是（　　）。

A. 一个盒子除了内容，由以下几个独立的部分组成：margin、border、padding

B. 填充、边框和边界和内容区域都分为上、下、左、右四个方向，既可以分别定义，也可以统一定义

C. 盒子的实际宽度 = 左外边距 + 左边框 + 左内边距 + 内容宽度（width）+ 右内边距 + 右边框 + 右外边距

D. 盒子的实际高度 = 上外边距 + 上边框 + 上内边距 + 内容高度（height）+ 下内边距 + 下边框 + 下外边距

13. 关于 position 定位，下列说法错误的是（　　）。

A. fixed 元素，可定位于相对于浏览器窗口的指定坐标，它始终是以 body 为依据

B. relative 元素以它原来的位置为基准偏移，在其移动后，原来的位置不再占据空间

C. absolute 的元素，如果它的父容器设置了 position 属性，并且 position 的属性值为 absolute 或者 relative，那么就会依据父容器进行偏移

D. fixed 属性的元素在标准流中不占位置

14. 在制作 HTML 页面时，页面的布局技术主要分为（　　）。

A. 框架布局　　　B. 表格布局

C. DIV 布局　　　D. 以上全部选项

15. 某一站点主页面 index.html 的代码如下所示，则选项中关于这段代码的说法正确的是（　　）。

```
<html>
<head>
    <meta charset="utf-8">
    <title></title>
</head>
<frameset border="5" cols="*,100">
    <frameset rows="100,*">
        <frame src="top.html" name="topFrame" scrolling="no"/>
        <frame src="left.html" name="leftFrame" />
    </frameset>
    <frame src="right.html" name="rightFrame" scrolling="no" />
</frameset>
</html>
```

A. 该页面共分为三部分

B. top.html 显示在页面上部分，其宽度和窗口宽度一致

C. left.htm1 显示在页面左下部分，其高度为 100 像素

D. right.html 显示在页面右下部分，其高度小于窗口高度

二、上机题

请根据提供的素材，使用 DIV+CSS 布局，做出以下效果，并在浏览器测试，效果如图 4-24 所示。

图 4-24　效果图

项目 5

CSS3 新特性灵动页面

现在应该可以制作出比较美观的页面了吧？其实可以做出更炫、更灵动的页面，这就需要用到 CSS3 了。接下来，一起走进 CSS3 的世界吧！

5.1 项目目标

- 能使用 CSS3 美化网页。
- 能使用 CSS3 字体、盒阴影、背景特性、盒模型美化网页。
- 能使用 CSS3 制作网页动画效果。

5.2 项目描述

制作“音悦 tai”网站，网站包含四个页面，如图 5-1 所示网站首页、图 5-2 所示用户登录页面、图 5-3 所示用户注册页面、图 5-4 所示“音悦 tai”播放页面。

图 5-1 “音悦 tai” 网站首页

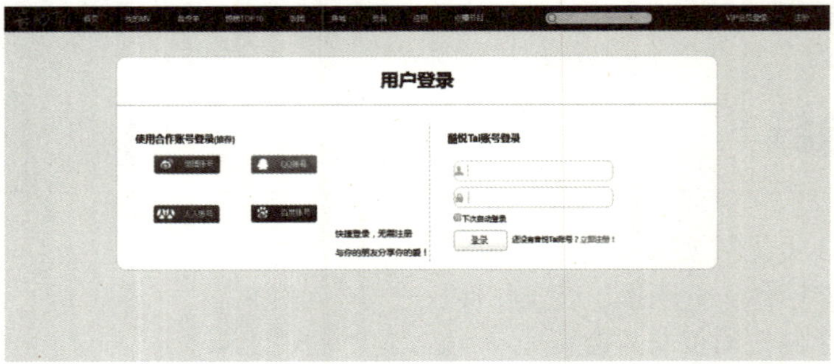

图 5-2 用户登录页面

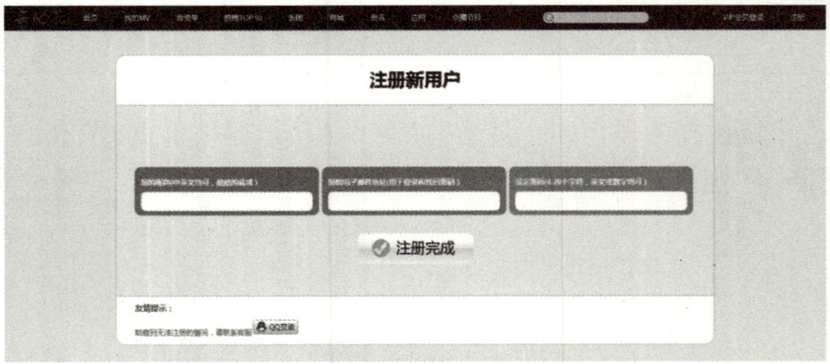

图 5-3 用户注册页面

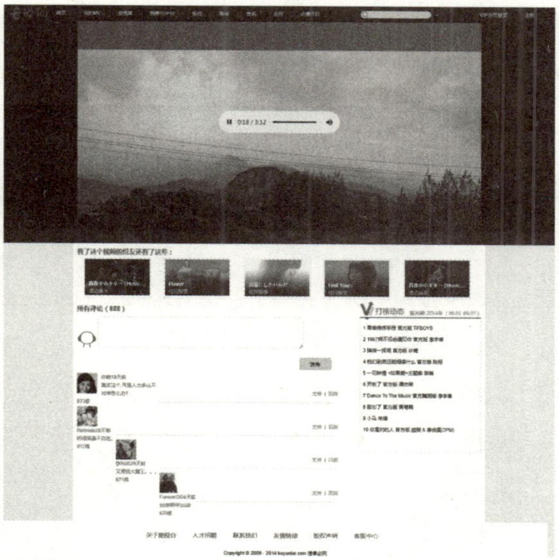

图 5-4 “音悦 tai”播放页面

5.3 相关知识

5.3.1 CSS3 简介

视 频

CSS3动效概述

1. 认识 CSS3

（1）CSS3 概述。

CSS3 是 CSS 技术的升级版本，于 1999 年开始制订，2001 年 5 月 23 日 W3C 完成了 CSS3 的工作草案，主要包括盒子模型、列表模块、超链接方式、语言模块、背景和边框、文字特效和多栏布局等模块。CSS 演进的一个主要变化就是 W3C 决定将 CSS3 分成一系列模块。

（2）CSS3 语言基础。

CSS3 的语法是建立在 CSS 原先版本基础上的，它允许使用者在标签中指定特定的 HTML 元素而不必使用多余的 class、ID 或 JavaScript。CSS 选择器中的大部分并不是在 CSS3 中新添加的，只是在之前的版本中没有得到广泛的应用。如果想尝试实现一个干净的、轻量级的标签以及结构与表现更好的分离，高级选择器是非常有用的，它们可以减少在标签中的 class 和 ID 的数量并让设计师更方便地维护样式表。

2. 解读 CSS3 模块

CSS3 被划分成模块，其中最重要的 CSS3 模块包括：选择器、框模型、背景与边框、文本效果、2D/3D 转换、动画、多列布局和用户界面等。

CSS3 新增特性主要优势是减少开发成本与维护成本，提高页面性能。

3. CSS3 特效妙用

CSS3 替代了很多以前用 JS 和切图才能完成的功能，比如说：圆角、多背景、渐变、@fontface、动画与渐变、Box 阴影、文字阴影、RGBa- 加入透明色等，并能实现形式多样的网页特效：

（1）CSS3 的 3D 倾斜效果，如图 5-5 所示。

图 5-5　照片 3D 倾斜效果

（2）CSS3 侧边栏菜单滑动特效，如图 5-6、图 5-7 所示。

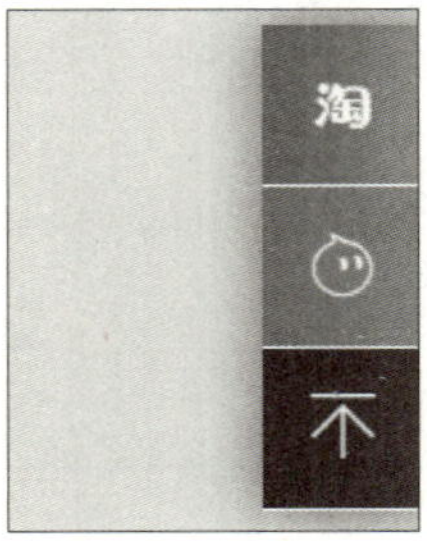

图 5-6　悬停前

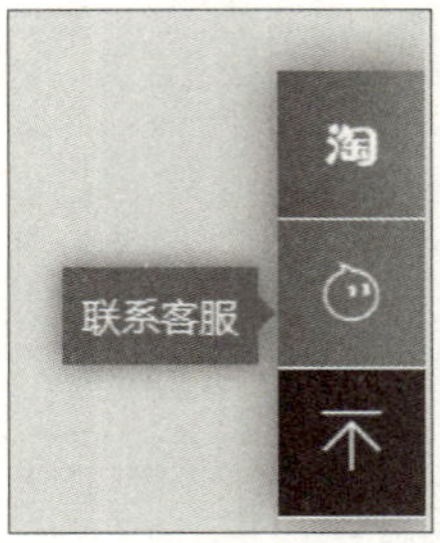

图 5-7　悬停时

（3）CSS3 导航收缩特效，如图 5-8、图 5-9 所示。

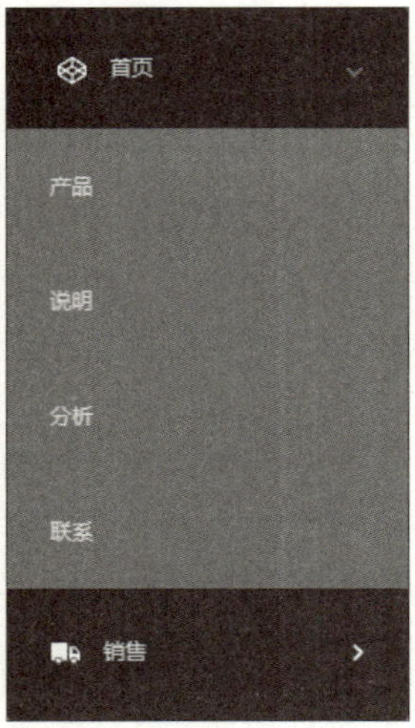

图 5-8　展开效果

图 5-9　鼠标单击收缩效果

除了以上的网页动效，CSS3 样式还可以实现旋转动画效果、闪烁效果等等，在后期的课程学习中大家可以尝试使用 CSS3 的属性来实现多样化的网页特效。

5.3.2　CSS3 新增选择器

1. 认识 CSS3 新增选择器

CSS 有三个简单常用的选择器，标签选择器、类选择器和 ID 选择器。升级版的 CSS3 又新增了一些选择器，它可减少结构代码中 ID 属性和 class 属性的定义，减少代码冗余，更简洁，便捷开发。

CSS3 属性选择器，见表 5-1。CSS3 结构伪类选择器，见表 5-2。CSS3 UI 伪类选择器，见表 5-3。

表 5-1　属性选择器

选择器（E：元素）	功　能
E[attribute]	选择带有指定属性的元素
E[attribute=value]	选择带有指定属性和属性值的元素
E[attr^="val"]	匹配属性 attr 的值以指定值 "val" 开头的每个元素
E[attr$="val"]	匹配属性 attr 的值以指定值 "val" 结尾的每个元素
E[attr*="val"]	匹配属性 attr 的值包含字符串 "val" 元素

语法举例说明：

E[attr^="val"] 选择器的应用，例如：input[value^="search"]，表示获取 value 值不等于 search 的所有 input 标签。

表 5-2　结构伪类选择器

选择器（E：元素）	功　能
root	选择匹配文档的根元素
E：nth-child(n)	选择在其父元素中的第 n 个位置的匹配 E 的子元素
E：nth-last-child(n)	选择在其父元素中倒数第 n 个位置的匹配 E 的子元素
E：nth-of-type(n)	选择在其父元素中同类型第 n 个位置的匹配 E 的子元素
E：last-child	选择位于其父元素中最后一个位置的匹配 E 的子元素
E：first-child	选择位于其父元素中第一个位置的匹配 E 的子元素
E：first-of-type	选择位于其父元素中匹配 E 的第一个同类子元素
E：last-of-type	选择位于其父元素中匹配 E 的最后一个同类子元素
E：only-child	选择在其父元素中只包含一个子元素的匹配 E 的子元素
E：only-of-type	选择在其父元素中只包含一个同类型的匹配 E 的子元素
E:empty	选择匹配 E 的元素，且此元素不包括子元素

语法举例说明：

E：nth-child(n) 选择器的应用，例如：ul li:nth-child(3)，表示获取 ul 的排序为 3 的 li 子容器。

表 5-3　UI 伪类选择器

选择器（E：元素）	功　　能
E:enabled	选择匹配 E 的所有可用 UI 元素
E:disabled	选择匹配 E 的所有不可用 UI 元素
E:checked	选择匹配 E 的所有处于选中状态的 UI 元素
E:read-write	选择匹配可读及可写的元素
E:read-only	选择匹配设置“readonly”属性的只读元素
E:selection	匹配元素中被用户选中或处于高亮状态的元素
E:out-of-range	标签的值在指定区间之外时显示的样式
E:optional	匹配可选的输入元素
E:required	匹配设置了“required”属性的元素
E:valid E:invalid	匹配输入值为合法、非法的元素

语法举例说明：

E:read-only 选择器的应用，例如：input:read-only，表示获取 input 中所有只读的元素。

2. 制作创意导航

视 频

制作创意导航

接下来，我们一起来制作创意导航，如图 5-10 所示。

图 5-10　创意导航

（1）使用 HTML 基础标签搭建导航框架，如图 5-11 所示。

图 5-11　导航基础框架

关键代码：

```
<div>
            <ul>
                <li><img src="img/logo.png"/></li>
                <li><a href="">HOME</a></li>
                <li><a href="">PROJECTS</a></li>
                <li><a href="#">ABOUT</a></li>
                <li><a href="">PORTFOLIO</a></li>
                <li><a href="">BLOG</a></li>
                <li><a href="">CONTACT</a></li>
                <li>Go>></li>
            </ul>
</div>
```

（2）使用 CSS3 新增选择器美化导航。

关键代码：

```
    //获取 div ul 下的第二个 li
div ul li:nth-child(2) a{
                text-shadow:2px 2px 2px black;
                color:greenyellow;
                border-left: 50px solid transparent;
                border-right: 50px solid transparent;
                border-bottom: 100px solid greenyellow;
            }
     //获取 div ul 下的最后一个 li
div ul li:last-child{
                width:30px;
                height:30px;
                border-radius:50%;
                background-color:gainsboro;
                margin-top:35px;
                line-height:50px;
                color:white;
            }
     //获取 div ul li 下包含有 src 属性的 img
    div ul li img[src]{
                width:100px;
                margin:0px 30px;}
```

备注：以上代码只是部分核心代码，完整代码还需要大家独自思考完成。

5.3.3　CSS3 新增背景属性

1. CSS3 新增背景属性功能

（1）CSS3 背景颜色，见表 5-4。

表 5-4　CSS3 背景颜色：background-color

背景属性值	功能描述
rgb(255,0,0)	纯色：background-color:rgb(255,0,0)； r: 红　g: 绿　b: 蓝
rgba(255,0,0,0.5)	纯色 + 透明度：background-color:rgba(255,0,0,0.5)； r: 红　g: 绿　b: 蓝　a: 透明度
linear-gradient(0deg,color-stop1,color-stop2, ...)	线性渐变： background：linear-gradient（90deg,red,blue）；
radial-gradient(circle, blue, green, red)	径向渐变： background：radial-gradient(circle,blue, green, red); 或 background:radial-gradient(circle,blue 5%, green 15%, red 60%);

小试牛刀

使用 radial-gradient 径向渐变色制作蛋糕招牌背景，效果图如图 5-12 所示。

视 频

制作招牌蛋糕背景效果

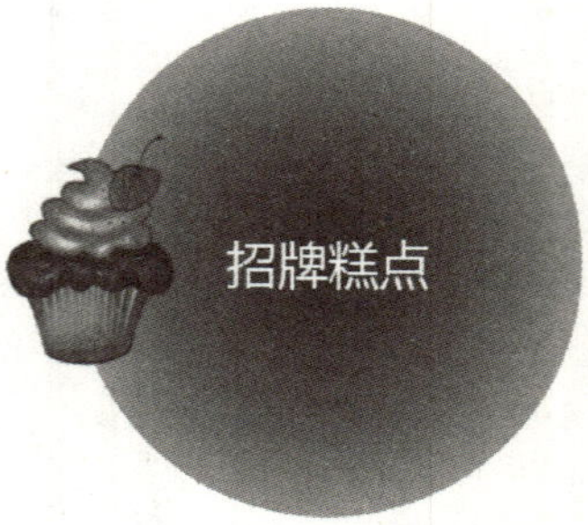

图 5-12　蛋糕招牌背景效果图

关键代码：

```
  ……
      div{
            width:300px;
            height:300px;
            border-radius:150px;
            //从紫色到白色过渡的径向渐变色
background:radial-gradient(purple,white);
            margin:0 auto;
            text-align:center;
            position:relative;
         }
  ……
```

（2）CSS3 背景图片，见表 5-5。

表 5-5　CSS3 背景图片：background-image

背景图片属性	功能描述
background-img	图片存放路径调用
background-clip	背景的剪裁属性，是从指定位置开始绘制
background-origin	指定背景图像的位置区域
background-size	设置背景图片大小
background-repeat	背景图片平铺方式
background-position	背景图片定位，包括 background-position-X、background-position-Y

小试牛刀

使用 background-size、background-position、background-repeat 调整盒子的背景图片位置，效

果图如图 5-13、图 5-14 所示。

图 5-13　背景图片调整前

图 5-14　背景图片调整后

关键代码：

视 频

调整美化背景图片

```
    ……
        div#box{
            width:500px;
            height:300px;
            border:solid 10px greenyellow;
            background-color:greenyellow;
              //调用背景图片素材
            background-image:url(img/pic.jpg);
              //调整背景图片中心居中
            background-position:center;
              //调整背景图片宽度与盒子宽度一致
background-size:500px;
              //去掉背景图片平铺效果
background-repeat:no-repeat;
          }
    ……
```

2. 制作艺术照片墙

艺术照片墙效果如图 5-15 所示。

图 5-15　艺术照片墙效果

（1）使用 HTML 基础标签和 CSS3 新增选择器搭建照片墙框架，如图 5-16 所示。

图 5-16　艺术照片墙基础框架

关键代码：

```
……
    // 获取 div#box dl 下的第一个 dd
    div#box dl dd:nth-child(1){
        background-image:url(img/lanmu14.jpg);                    }
    div#box dl dd:nth-child(2){
        background-image:url(img/lanmu16.jpg);
      }
    div#box dl dd:nth-child(3){
        background-image:url(img/lanmu13.jpg);
      }
    div#box dl dd:nth-child(4){
        background-image:url(img/lanmu25.jpg);
      }
……
```

视 频

制作照片艺术墙

（2）使用 CSS3 背景色属性、背景图片属性等来美化照片墙。

关键代码：

```
    *{
            margin:0 auto;
            padding:0px;
            }
          body{
        background-color:darkgray;
          }
      div#box{
          width:800px;
          overflow:hidden;
          }
      div#box p{
background:radial-gradient(yellow,saddlebrown);
          font:bold 35px 华文楷体;
```

```
    line-height:100px;
    text-align:center;
    color:white;
    border-top-left-radius:20px;
    border-top-right-radius:20px;
    }
    div#box dl dd{
        width:200px;
        height:130px;
        background:saddlebrown;
        float:left;
        background-size:190px;
        background-repeat:no-repeat;
         //设置背景图片向 Y 轴方向垂直移动 10px
        background-position-y:10px;
         //设置背景图片向 X 轴方向水平移动 5px
        background-position-x:5px;
    }
```

5.3.4 CSS3 新增字体文本属性

1. 学习 CSS3 新增字体文本属性

CSS3 字体文本属性，见表 5-6。

表 5-6 CSS3 字体文本属性

属 性	功能描述
font-stretch	字体拉伸效果
text-shadow	字体阴影效果：text-shadow:2px 2px 5px black; 四个值分别是：水平阴影位置、垂直阴影位置、模糊半径、阴影颜色
box-shadow	盒子阴影效果：box-shadow:2px 2px 5px black; 四个属性值同上
text-overflow	文本溢出时发生的事情
word-wrap	允许长单词或 URL 地址换行到下一行
word-break	规定自动换行的处理方法

小试牛刀

使用 text-shadow、box-shadow 制作文字标题阴影效果，效果如图 5-17 所示。

视 频

制作文字标题阴影

图 5-17 文字标题阴影效果图

关键代码：

```
……
        div#box{
            //设置盒子阴影效果
            box-shadow:2px 2px 5px black;
            background-color:hotpink;
            border-radius:20px;
            width:300px;
            height:100px;
        }
        div#box p{
            font:bolder 20px 华文雅黑；
            color:white;
            line-height:100px;
            text-align:center;
            //设置文字阴影效果
            text-shadow:2px 2px 5px black;
        }
……
```

2. 制作母亲节贺卡

制作母亲节贺卡，效果如图 5-18 所示。

图 5-18　母亲节贺卡

（1）使用 HTML 基础标签和 CSS3 新增选择器制作卡片悬停前效果，效果如图 5-19 所示。

视 频

制作母亲节卡片

图 5-19　卡片悬停前效果

```
div#box{
            width:454px;
            background-color:white;
        }
    div#box dl dd{
            text-align:center;
            //设置字间距
            letter-spacing:10px;
            line-height:40px;
        }
    div#box dl dd:last-child{
            font:bolder 30px 华文中宋;
            color:#a10d07;
            cursor: pointer;
            margin-bottom:20px;
```

（2）使用 CSS3 字体文本属性等制作鼠标悬停效果。

```
div#box:hover{
                border:solid 2px #fad3d0;
                box-shadow:2px 2px 5px black;
```

```
                background-color:#fad3d0;
                text-shadow:1px 1px 1px white;
            }
div#box:hover dl dd:last-child{
                font-stretch:expanded;
                //设置文本阴影效果
                text-shadow:2px 2px 2px white;
            }
```

5.3.5 CSS3 新增盒子模型属性

1. CSS3 新增盒子模型属性

CSS3 新增盒子模型属性，见表 5-7。display:box;box-flex 是 css3 新添加的盒子模型属性，它可以解决 N 多结构、CSS 实现的布局方式。而经典的布局应用就是布局的垂直等高、水平均分、按比例划分。目前 box-flex 属性还没有得到 firefox、Opera、chrome 浏览器的完全支持，但可以使用它们的私有属性定义 firefox(-moz-)、opera(-o-)、chrome/safari(-webkit-)。

表 5-7　CSS3 新增盒子模型属性

属　性	功能描述
display:box;	设置父容器为盒子模型（设置此属性值后，box-flex 才有效）
box-flex	主要让子容器针对父容器的宽度按一定规则进行划分：box-flex:2; 表示此子容器占总比例的 N 分之 2
box-orient: horizontal	盒子排列方式：子容器水平排列（默认值）
box-orient: vertical	盒子排列方式：子容器垂直排列
display:flex;	设置父容器为弹性盒子，表示让所有的子容器横向显示

小试牛刀

制作英文卡片，使用 display:flex 设置父容器为弹性盒子，让卡片横向显示，效果如图 5-20 所示。

视频

制作英文卡片

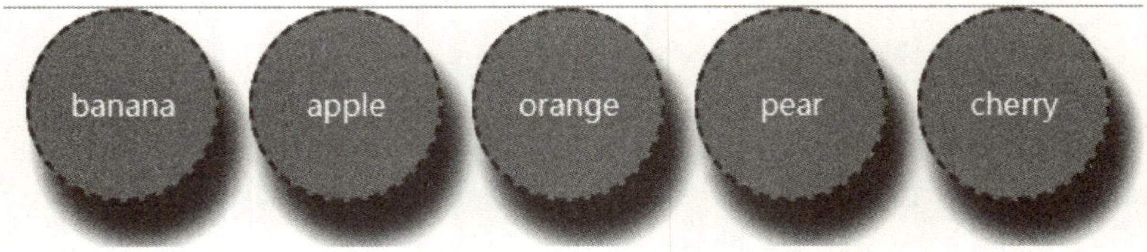

图 5-20　英文卡片效果图

关键代码：

```
……
    div#box dl{
```

```
        //设置 div#box 下 dl 容器为弹性盒子，dd 子容器横向显示
        display:flex;
    }
    div dl dd{
        width:100px;
        line-height:100px;
        text-align:center;
        background-color:lightskyblue;
        border:dashed 2px orangered;
        border-radius:50%;
        color:white;
        box-shadow:10px 20px 10px gray;
    }
……
```

2. 制作“画艺社”广告专栏

“画艺社”广告栏效果如图 5-21、图 5-22 所示。

视频

制作“画艺社”广告专栏

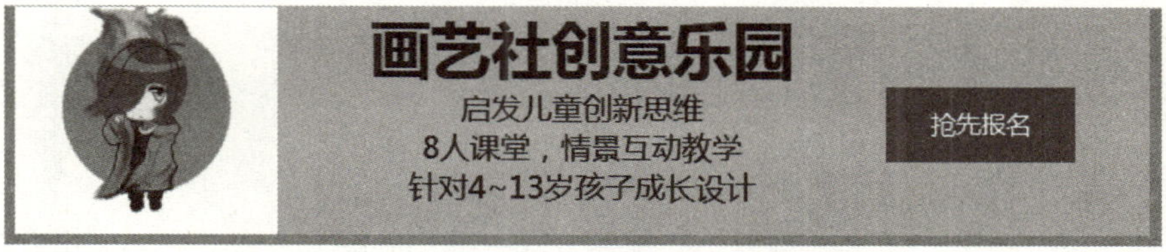

图 5-21 “画艺社”广告专栏悬停前效果

图 5-22 “画艺社”广告专栏悬停效果

（1）使用 HTML 基础标签、CSS3 新增选择器和 CSS3 新增盒子模型属性等制作广告专栏悬停前效果。

参考代码：

```
ul{
                width:600px;
                display:-webkit-box;
               -webkit-box-orient:horizontal;// 可省略
            }
            ul li{
                list-style:none;
                height:119px;
                text-align:center;
            }
            ul li:nth-child(1){
                -webkit-box-flex:1;
                background-color:white;
                line-height:119px;
            }
            ul li:nth-child(2){
                -webkit-box-flex:2.5;
                background-color:gainsboro;
            }
            ul li:nth-child(3){
                -webkit-box-flex:1;
                background-color:gainsboro;
                line-height:119px;
                text-align:left;
}……
```

（2）使用 CSS 伪类选择器和 CSS3 新增盒子模型属性等制作鼠标悬停效果。

```
  div:hover ul{
                -webkit-box-orient:vertical;
            }
 div:hover ul li{
                width:600px;
                -webkit-box-flex:2;
                text-align:center;
    }
```

5.3.6 CSS3 动画

1. CSS3 过渡属性、动画属性

（1）CSS3 过渡属性。

CSS3 过渡是元素从一种样式逐渐改变为另一种的效果。通过过渡 transition 属性，可以让 web 前端开发人员不需要 javascript 就可以实现简单的动画交互效果，要实现这一点，必须实现一项内

容，即指定效果的持续时间，CSS3 过渡属性见表 5-8。

表 5-8 CSS3 过渡属性：transition

属 性	功能描述
transtion	简写属性，用于一个属性中设置四个过渡属性
transition-property	规定应用过渡的 CSS 属性的名称 (默认为 all)
transition-duration	定义过渡效果花费的时间 (默认为 0s)
transition-timing-function	规定过渡效果的时间曲线 (默认是“ease”函数)
transition-delay	规定过渡效果何时开始 (默认 0s)

语法举例说明：

transtion 属性的应用，例如设置 div 盒子悬停时盒子逐渐放大到 100px 的动态效果：

```
div{
         width:50px;
         height:50px;
         background:red;
         //设置过渡动画（以下四个属性值说明依次对应以上表格中的属性说明）
         transition:all 2s ease 1s;
        }
div:hover{
        width:100px; height:100px;}
```

（2）CSS3 变形属性。

在 CSS3 中，可以利用 transform 功能实现网页元素（文字或图像）的旋转、缩放、倾斜、移动这四种类型的变形处理，配合动画属性可以实现形式多样的网页特效，CSS3 变形属性见表 5-9。

表 5-9 CSS3 变形属性：transform

属 性 值	功能描述
translate(x,y)	2D 位移，三个参数为 3D 位移，translateX 为水平方向轴位移，translateY 为垂直方向位移
scale(x,y)	2D 缩放，三个参数为 3D 缩放，scaleX 为水平方向轴缩放，scaleY 为垂直方向缩放
rotate(angle)	2D 旋转，三个参数为 3D 旋转，rotateX 为水平方向轴旋转，rolateY 为垂直方向旋转
skew(x-angle,y-angle)	2D 倾斜，三个参数为 3D 倾斜，skewX 为水平方向轴倾斜，skewY 为垂直方向倾斜

语法举例说明：

translate(x,y) 属性的应用，例如：translate(50,50), 表示元素分别向 X 轴、Y 轴上平移 50px。

（3）CSS3 动画属性。

在 CSS3 中，可以创建动画，它可以取代许多网页动画图像，Flash 动画与 JavaScript。@keyframes 规则是定义、创建动画，animation 属性用来调用创建好的动画规则，CSS3 动画属性见表 5-10。

表 5-10　CSS3 动画属性

属　　性	功能描述
@keyframes	定义、创建动画，语法：@keyframes aa{ …}
animation	用于调用动画，复合属性
animation-name	动画名称
animation-duration	动画持续的时间
animation-iteration-count	动画循环次数

语法举例说明：

animation 属性的运用，步骤如下：

```
……
//第一步：定义动画 aa
@keyframes aa{
                from{ background-color:red;}
              to{background-color:blue;}
                      }
    div{
             width:200px;
             height:100px;
          //第二步：调用动画 aa，以 2s 的速度无限次循环
             animation:aa 2s infinite; } }
……
```

2. 制作“画艺社”广告专栏动画效果

视　频

制作“画艺社”广告动效

“画艺社”广告专栏动画如图 5-23 所示。

图 5-23　“画艺社”广告专栏动画效果

（1）在“画艺社”悬念静态网页基础上，制作动画效果（位移动画、缩放动画）。

```
@keyframes scaleBtn{
                from{transform: scale(0.8);}
                to{transform: scale(1.3);}
            ul li input{
                width:100px;
                height:40px;
                background-color:#f62e74;
                color:white;
                border:0;
                cursor:pointer;
                animation:scaleBtn 2s linear infinite;
            }
            div ul li:first-child ul li{
                display: flex;
                justify-content: center;
                align-items: center;
                height: 100vh;
                background-color: #232e6d;}
            div ul#p1 li:first-child ul li {
                float: left;
                width: 20px;
                height: 20px;
                border-radius: 20px;
                margin-right: 10px;}
            div ul li:first-child ul{
                 margin-left:172px;}
            div ul#p1 li:first-child ul li:nth-child(1) {
                background-color: #f62e74;
                 //调用动画 love1
                animation: love1 4s infinite;}
            div ul li:first-child ul li:nth-child(2) {
                background-color: #f45330;
                animation: love2 4s infinite;
                animation-delay: 0.15s;}
             //定义动画 love1
            @keyframes love1 {
                30%,
                50% {
                    height: 60px;
                    transform: translateY(-30px);}
                75%,
```

```
        100% {
            height: 20px;
            transform: translateY(0);}
```

（2）制作“画艺社”鼠标悬停时，文字阴影过渡动画效果。

```
ul#p1 li:nth-child(2){
    -webkit-box-flex:2.5;
    background-color:gainsboro;
    transition:all 1s;
}
div:hover ul#p1 li:nth-child(2){
    text-shadow:4px 4px 2px gray;
}
```

5.4 项目实施

5.4.1 需求分析

为了方便大家在学习之余放松心情，休闲娱乐音乐平台将提供一个质朴实用的网点，随时了解最新的音乐资讯、新闻资讯，收看最新的音乐节目，聆听每一个电波发出的音符气息，选择最喜爱的音乐。本次项目任务将制作一个关于音乐主题的网站，它就是“音悦 tai”网站，期待你的光临！

5.4.2 项目组织

学生独自选材，独立完成。

5.4.3 项目流程

1. 素材收集整理

明确所选社区，整理所需图片资源，填写表 5-11。

表 5-11　项目准备记录表

日期	
完成人	
所选社区	
搜集素材	

2. 项目编码

下面展示该项目完成的关键代码，仅供参考。

模块 1：音悦 Tai 网站→首页

关键代码 1：

视频

"音悦tai" 网站项目简介

body 布局代码

```
……
    <div id="header">
        <div id="menu">
            <ul>
                <li><a href="#">
                    <img src="images/logo.png" width="100" height="40" /></a></li>
                <li><a href="#"> 首页 </a></li>
                <li>|</li>
                <li><a href="#"> 我的 MV</a></li>
                <li>|</li>
                <li><a href="#"> 音悦单 </a></li>
                <li>|</li>
                <li><a href="#"> 悦榜 TOP10</a></li>
                <li>|</li>
                <li><a href="#"> 饭团 </a></li>
                <li>|</li>
                <li><a href="#"> 商城 </a></li>
                <li>|</li>
                 <li><a href="#"> 资讯 </a></li>
                <li>|</li>
                <li><a href="#"> 应用 </a></li>
                <li>|</li>
                <li><a href="#"> 点播节目 </a></li>
                <li class="search">
                    <form>
                        <input type="text" class="txt" />
                    </form>
                </li>
                <li>
                    <a href="Login.html">VIP 会员登录 </a>
                </li>
                <li>|</li>
                <li><a href="Register.html"> 注册 </a></li>
            </ul>
        </div>
    </div>
    <div id="pics">
        <img src="images/lunbo2.jpg" width="1348" />
    </div>
……
```

CSS 样式指导代码

```
……
    div#header {
    width:100%;
    height:40px;
background-color:#242424;
    //调用背景渐变色动画，并以 2 秒速度无限循环
    animation:bg 2s infinite;
}
div#menu {
    width:1348px;
}
//定义背景渐变色动画
@keyframes bg{
    from{ background-color:#242424;}
    to{
        background-color:green;
    }
}
    div#header li {
        padding-left:10px;
        padding-right:10px;
        height:40px;
        line-height:40px;
        float:left;
        color:gray;
    }
 div#header li:hover a{
        color:orange;
    }
 div#header li a {
     color:white;
}
 div#header li.search {
     margin-left:80px;
     margin-right:100px;
     }
 div#header .txt {
     height:20px;
     line-height:20px;
     //制作圆角矩形的文本框
     border-radius:18px;
```

```
        border:1px solid #242424;
        //文本框的背景颜色和图片
        background:url(../images/search.png) #dcdcdc no-repeat;
        padding-left:25px;
        width:176px;
        margin-top:10px;
    }
    ……
```

关键代码 1 对应的运行效果如图 5-24 所示。

图 5-24　关键代码 1 效果图

关键代码 2：

body 布局代码：

```
<div id="lanmu">
        <div id="lanmu1">
            <ul class="lanmuheader">
                <li class="picli"><img src="images/lanmu1.png" /></li>
                <li class="text"><a href="#">全部</a></li>
                <li class="text"><a href="#">古典</a></li>
                <li class="text"><a href="#">流行</a></li>

            </ul>
            <div class="left">
                <a href="Play.html"><img src="images/lanmu11.jpg" /></a>
            </div>
            <div class="right">
                <ul>
                    <li><a href="Play.html"><img src="images/lanmu12.jpg" /></a></li>
                    <li><a href="Play.html"><img src="images/lanmu13.jpg" /></a></li>
                    <li><a href="Play.html"><img src="images/lanmu14.jpg" /></a></li>
```

```
                    <li class="line2"><a href="Play.html"><img src="images/
lanmu15.jpg" /></a></li>
                    <li class="line2"><a href="Play.html"><img src="images/
lanmu16.jpg" /></a></li>
                    <li class="line2"><a href="Play.html"><img src="images/
lanmu17.jpg" /></a></li>
                </ul>
            </div>
    </div>
```

CSS 样式指导代码：

```
……
div#lanmu {
    width:1219px;
    margin:0px auto;
}
div#lanmu ul.lanmuheader li {
    float:left;
}
 div#lanmu ul.lanmuheader li.picli {
     width:887px;
 }
div#lanmu ul.lanmuheader li.text {

    margin:15px 10px 0px;
    border-right:1px dashed #c1c1c1;
    padding-right:10px;
}
    div#lanmu ul.lanmuheader li.last {
        border:none;
    }
div#lanmu1 {
    margin-bottom:10px;
    overflow:hidden; //清除嵌套的元素的浮动对父元素的影响
}
//获取 div#lanmu1 下和第一个 li 和最后一个 li
div#lanmu1 li:first-child, div#lanmu1 li:last-child {
    border:none;
 }
div#lanmu1 .left {
    float:left;
    width:475px;
```

```
}
div#lanmu1 .right {
    float:right;
    width:720px;
}
div#lanmu1 .right ul li img{
    transition:all 1s ease;
}
div#lanmu1 .right ul li:hover img{
    box-shadow:-5px 5px 2px deepskyblue;
}
div#lanmu #lanmu1 .right ul li{
    float:left;
    margin-bottom:20px;
    margin-right:20px;
}
……
```

关键代码 2 对应的运行效果，如图 5-25 所示。

图 5-25　关键代码 2 效果图

关键代码 3：

body 布局代码：

```
<div id="lanmu2">
        <ul class="lanmuheader">
            <li class="picli"><img src="images/lanmu2.png" /></li>
            <li class="text"><a href="#"> 全部 </a></li>
            <li class="text"><a href="#"> 古典 </a></li>
            <li class="text"><a href="#"> 流行 </a></li>

        </ul>
```

```
        <div class="left">
            <a href="#"><img src="images/lanmu35.jpg"  align="left"/>
                <h3>赵海洋的钢琴曲《梦的翅膀》<br /><span style="color:#70991f">
赵海洋</span></h3>
                <p>赵海洋的钢琴曲《梦的翅膀》完整版</p>

            </a>
        </div>
        <div class="right">
            <ul>
                <li class="space line1"><a href="Play.html"><img src="images/
lanmu22.jpg" /></a></li>
                <li class="line1"><a href="Play.html"><img src="images/
lanmu23.jpg" /></a></li>
                <li class="space"><a href="Play.html"><img src="images/
lanmu24.jpg" /></a></li>
                <li class="line2"><a href="Play.html"><img src="images/
lanmu25.jpg" /></a></li>

            </ul>
        </div>
    </div>
```

CSS 样式指导代码：

```
……
div#lanmu #lanmu1 .right ul li.line2 {
    margin-bottom:0px;
}
div#lanmu2 .left {
    float:left;
    width:713px;
    background-color:white;
    border:1px solid white;
    padding:4px;
}
div#lanmu2 {
    margin-bottom:10px;
     overflow:hidden; //清除嵌套的元素的浮动对父元素的影响
}
div#lanmu2 div.left:hover {
    border:1px solid #70991f;
}
```

```
div#lanmu2 div.left img {
    margin-right:8px;
}
div#lanmu2 div.left h3 {
    font-size:20px;
    margin-bottom:8px;
}
div#lanmu2 div.left p {
    line-height:25px;
}
div#lanmu2 div.right {
    float:left;
    width:467px;
    margin-left:17px;
}
div#lanmu2 div.right ul li.space {
    float:left;
     margin-right:20px;
}
div#lanmu2 div.right ul li.line1 {
     margin-bottom:20px;
}
……
```

关键代码 3 对应的运行效果，如图 5-26 所示。

图 5-26　关键代码 3 效果图

关键代码 4：
body 布局代码：

```
……
      <div id="lanmu3">
         <ul class="lanmu3header">
            <li class="picli"> <img src="images/lanmu3.jpg"/></li>
```

```
            <li><a href="Play.html"> 更多 >></a></li>
        </ul>
        <dl>
            <dt><a href="Play.html"><img src="images/lanmu31.jpg" /></a></dt>
            <dd> 经典，无论何时都会湿了眼眶！</dd>
        </dl>
         <dl>
            <dt><a href="Play.html"><img src="images/lanmu32.jpg"/></a></dt>
            <dd> 面朝大海，春暖花开 </dd>
        </dl>
         <dl>
            <dt><a href="#"><img src="images/lanmu33.jpg" /></a></dt>
            <dd>MV 故事会 </dd>
        </dl>
         <dl>
            <dt><a href="Play.html"><img src="images/lanmu34.jpg"/></a></dt>
            <dd>Post-Britpop 后英式摇滚 </dd>
        </dl>
         <dl>
            <dt><a href="Play.html"><img src="images/lanmu35.jpg"/></a></dt>
            <dd> 我在空间的缝隙里寻找你 </dd>
        </dl>
    </div>
  </div><!-- 栏目完毕 -->
……
```

CSS 样式指导代码：

```
……
// 栏目 3
div#lanmu3 ul.lanmu3header li {
    float:left;
}
div#lanmu3 ul.lanmu3header li.picli {
    width:1170px;
}
div#lanmu3 dl {
    float:left;
    width:220px;
    height:281px;
    margin-right:17px;
    border:1px solid white;
    padding:2px;
```

```
}
div#lanmu3 dl:hover {
    border:1px solid #70991f; // 悬浮时，边框线的颜色是绿色
}
div#lanmu3 dd {
    padding:7px;
}
……
```

关键代码 4 对应的运行效果，如图 5-27 所示。

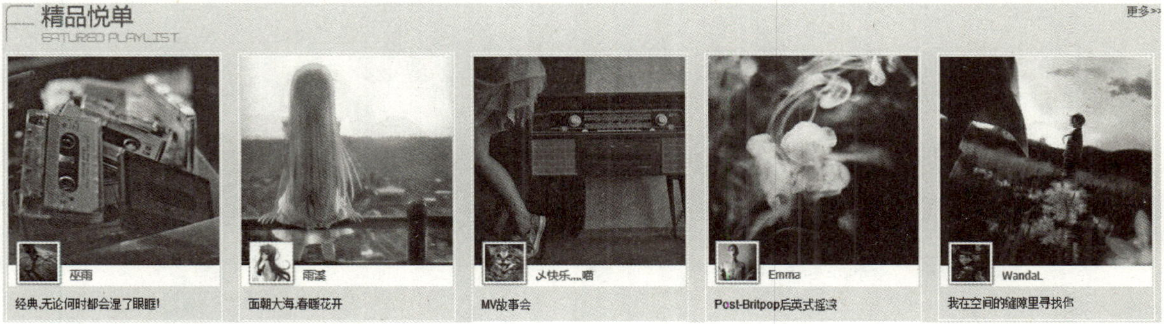

图 5-27　关键代码 4 效果图

关键代码 5：
body 布局代码：

```
……
        <div id="header">
          <div id="menu">
         <ul>
             <li><a href="#">
                 <img src="images/logo.png" width="100" height="40" /></a>
             </li>
             <li><a href="Index.html">首页</a></li>
             <li>|</li>
             <li><a href="#">我的 MV</a></li>
             <li>|</li>
             <li><a href="#">音悦单</a></li>
             <li>|</li>
             <li><a href="#">悦榜 TOP10</a></li>
             <li>|</li>
             <li><a href="#">饭团</a></li>
             <li>|</li>
             <li><a href="#">商城</a></li>
             <li>|</li>
```

```
                <li><a href="#">资讯</a></li>
                <li>|</li>
                <li><a href="#">应用</a></li>
                <li>|</li>
                <li><a href="#">点播节目</a></li>
                <li class="search">
                    <form>
                        <input type="text" class="txt" />
                    </form>
                </li>
                <li>
                    <a href="Login.html">VIP会员登录</a>
                </li>
                <li>|</li>
                <li><a href="Register.html">注册</a></li>
            </ul>
        </div>
    </div><!--头部结束-->
<div id="play">
    <div id="pheader"></div>
    <div id="player">
        <audio src="mp4/music.mp4" controls="controls" autoplay="autoplay">
</audio>
    </div>
</div>
……
```

CSS样式指导代码：

```
……
 //头部
div#header {
    width:100%;
    height:40px;
    background-color:#242424
}
div#menu {
    width:1348px;
}
div#header li {
        padding-left:10px;
        padding-right:10px;
        height:40px;
```

```
        line-height:40px;
        float:left;
        color:gray;
    }
div#header li a {
     color:white;
}
div#header li.search {
     margin-left:80px;
     margin-right:100px;
  }
div#header .txt {
     height:20px;
     line-height:20px;
     border-radius:18px;  //制作圆角矩形的文本框
     border:1px solid #242424;
//文本框的背景颜色和图片
     background:url(../images/search.png) #dcdcdc no-repeat;
     padding-left:25px;
     width:176px;
     margin-top:10px;
}
 //播放区域
div#play {
    width:100%;
    height:550px;
    background-color:#272727;
    text-align:center;
}
div#play div#pheader {
    width:1000px;
    height:71px;
    margin:0px auto; //水平居中
    background-color:gray;
}
div#player { //播放器
    width:1000px;
    height:470px;
    margin:0px auto;
    text-align:center;
    padding-top:150px;
    background:url(../images/bg.jpg) no-repeat;
```

```
    background-size:1000px;
}
……
```

关键代码 5 对应的运行效果，如图 5-28 所示。

图 5-28　关键代码 5 效果图

关键代码 6：

body 布局代码：

```
……
    <div id="content">
      <div id="history">
        <h1>看了这个视频的悦友还看了这些：</h1>
        <ul>
            <li><a href="#"><img src="images/lanmu12.jpg" /></a></li>
            <li><a href="#"><img src="images/lanmu13.jpg" /></a></li>
            <li><a href="#"><img src="images/lanmu14.jpg" /></a></li>
        </ul>
  </div>
……
```

CSS 样式指导代码：

```
……
//历史浏览
div#content {
    background-color:white;
    width:1000px;
    margin:0px auto;
```

```
    padding:10px;
    overflow:hidden;
}
div#content h1 {
    color:#757573;
    font-size:16px;
}
div#history ul li {
    float:left;
    border:1px solid #eee9e6;
    padding:2px;
    margin:5px 16px;
}
div#history ul li:hover {
        border:1px solid #70991f;
}
……
```

关键代码 6 对应的运行效果，如图 5-29 所示。

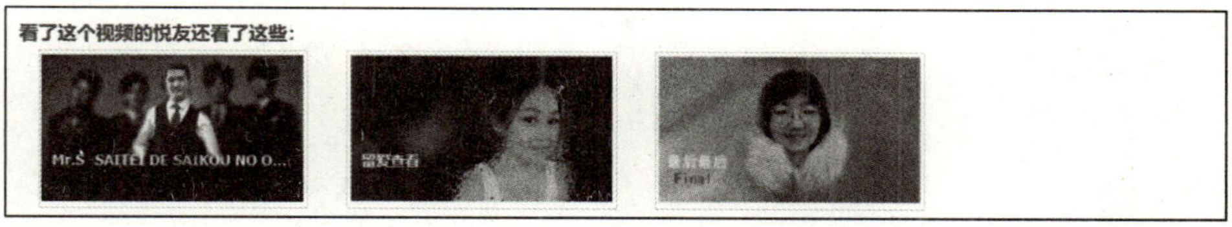

图 5-29　关键代码 6 效果图

关键代码 7：

body 布局代码：

```
……
  <div id="remark">
     <h1>所有评论（888）</h1>
     <div id="fabiao">
         <img src="images/avatar.png" style="vertical-align:baseline" />
         <textarea cols="70" rows="5" class="multxt"></textarea>
         <p><input type="button" value="发布" class="btnfabu" /></p>
    </div>
……
```

CSS 样式指导代码：

```
……
//发表评论
div#remark {
```

```
        width:640px;
        float:left;
    }
    // 标题
    div#remark h1 {
        margin:10px 0px;
    }
    div#content div#fabiao  .multxt{
        border:1px solid #e5e5e5;
        border-radius:8px;
        color:red;
        overflow:auto;
    }
    div#fabiao p {
        margin-left:550px;
        margin-top:20px;
    }
    div#fabiao .btnfabu {
        border:1px solid #c9c9c9;
        border-radius:4px;
        width:80px;
        height:30px;
    }
    ……
```

关键代码 7 对应的运行效果如图 5-30 所示。

图 5-30　关键代码 7 效果图

关键代码 8：

body 布局代码：

```
<div id="remark">
    <h1>所有评论（888）</h1>
    <div id="fabiao">
        <img src="images/avatar.png" style="vertical-align:baseline" />
        <textarea cols="70" rows="5" class="multxt"></textarea>
        <p><input type="button" value="发布" class="btnfabu" /></p>
    </div>
    <div class="info">
```

```
            <dl>
                <dt> <img src="images/user1.jpg" /></dt>
                <dd>亦晓 19 天前 </dd>
                <dd>喜欢这个 </dd>
                <dd>873 楼 </dd>
            </dl>
            <p><a href="#">支持 </a>  |  <a href="#">回复 </a></p>
        </div>
        <hr />
         <div class="info">
            <dl>
                <dt> <img src="images/user2.png" width="50" height="50" /></dt>
                <dd>Romudo28 天前 </dd>
                <dd>还不错 </dd>
                <dd>872 楼 </dd>
            </dl>
            <p><a href="#">支持 </a>  |  <a href="#">回复 </a></p>
        </div>
        <hr />
         <div class="info">
            <dl>
                <dt> <img src="images/user3.jpg" width="50" height="50" /></dt>
                <dd>fjf060529 天前 </dd>
                <dd>很好听 </dd>
                <dd>871 楼 </dd>
            </dl>
            <p><a href="#">支持 </a>  |  <a href="#">回复 </a></p>
        </div>
        <hr />
         <div class="info">
            <dl>
                <dt> <img src="images/user4.jpg" width="50" height="50" /></dt>
                <dd>ForeverGG4 天前 </dd>
                <dd>加油 ! 明年加油 !</dd>
                <dd>870 楼 </dd>
            </dl>
            <p><a href="#">支持 </a>  |  <a href="#">回复 </a></p>
        </div>
        <hr />
</div><!-- 评论信息完毕 -->
……
```

CSS 样式指导代码：

```
……
// 显示所有评论
div.info {
    margin-top:10px;
    width:647px;
    height:70px;
```

```
}
div#remark hr {
    border:1px solid #efefef;
}
div.info dl {
    float:left;
    overflow:hidden;
    }
div.info dt {
    float:left;
    margin-right:10px;
}
div.info  dd {
    line-height:20px;
    color:#8f8b88;
}
div.info p {
    float:right;
    padding-top:40px;
    color:red;
}
div.info p a {
    color:#9db53d;
}
......
```

关键代码 8 对应的运行效果如图 5-31 所示。

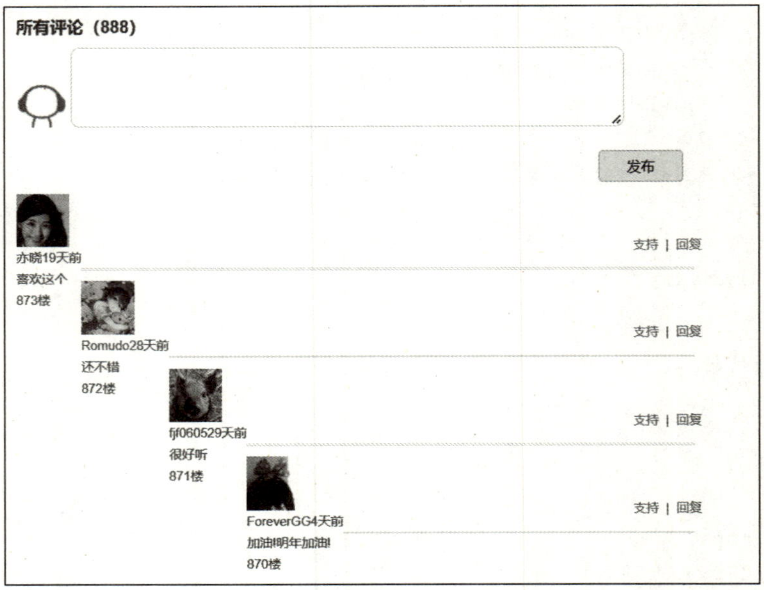

图 5-31　关键代码 8 效果图

关键代码 9：

body 布局代码：

```
<div id="side">
     <div id="top">
          <p>1 青春修炼手册 </p>
          <p>2 1987 我不知会遇见你 </p>
          <p>3 弹指一挥间 </p>
          <p>4 我们到底还能相信什么 </p>
          <p>5 一见钟情 </p>
          <p>6 起风了 </p>
          <p>7 Dance To The Music  </p>
          <p>8 别忘了 </p>
          <p>9 喜欢你 </p>
          <p>10 你是对的人 </p>
     </div>
</div> <!-- 评论的侧边栏 -->
```

CSS 样式指导代码：

```
……
// 侧边栏历史浏览与评论
div#side{
 background-image:url(../images/topbg.jpg);
    width:302px;
    height:376px;
 background-repeat:no-repeat;
}
div#side {
    width:300px;
    float:right;
}
div#top {
    margin-top:52px;
    margin-left:10px;
}
div#top p {
    line-height:28px;
}
……
```

关键代码 9 对应的运行效果，如图 5-32 所示。

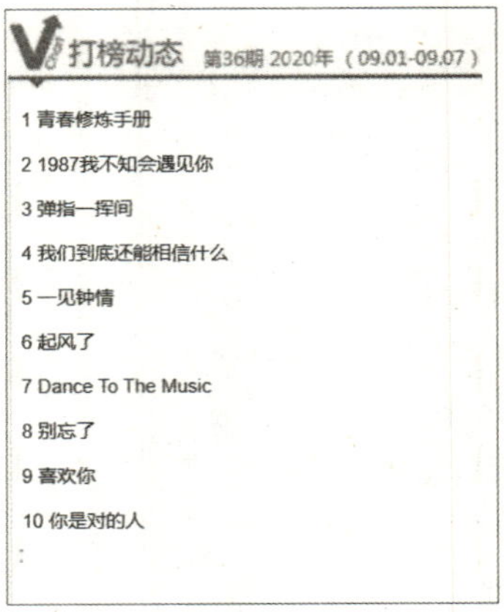

图 5-32　关键代码 9 效果图

关键代码 10：

body 布局代码：

```
……
  <div id="footer">
        <ul>
            <li><a href="#">关于音悦台</a></li>
            <li><a href="#">人才招聘</a></li>
            <li><a href="#">联系我们</a></li>
            <li><a href="#">友情链接</a></li>
            <li><a href="#">版权声明 </a></li>
            <li><a href="#">客服中心</a></li>
        </ul>
        <p>Copyright &copy; 2009 - 2014 kuyuetai.com  违者必究</p>
</div>
……
```

CSS 样式指导代码：

```
……
  // 页脚
    div#footer {
      width:1348px;
    background-color:white;
    text-align:center; // 内容居中
    overflow:hidden;
}
    div#footer p {
          text-align:center; // 内容居中
         }
    div#footer ul {
        overflow:hidden;
```

```
        width:680px;
        margin:0px auto;
    }
    div#footer ul li {
        float:left;
        padding:0px 20px;
        height:70px;
        line-height:70px;
        font-size:15px;
}
……
```

关键代码 10 对应的运行效果，如图 5-33 所示。

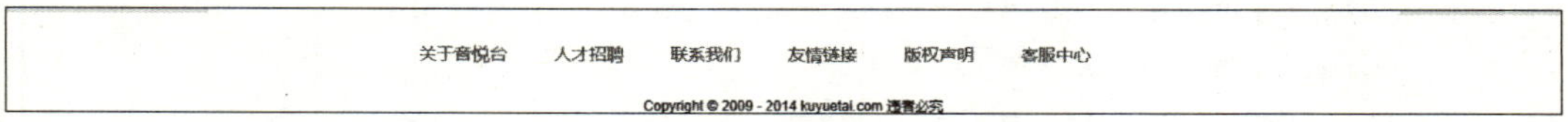

图 5-33　关键代码 10 效果图

关键代码 11：

body 布局代码：

```
……
 <div id="header">
         <div id="menu">
        <ul>
            <li><a href="Index.html">
                <img src="images/logo.png" width="100" height="40" /></a></li>
            <li><a href="Index.html"> 首页 </a></li>
            <li>|</li>
            <li><a href="#"> 我的 MV</a></li>
            <li>|</li>
            <li><a href="#"> 音悦单 </a></li>
            <li>|</li>
            <li><a href="#"> 悦榜 TOP10</a></li>
            <li>|</li>
            <li><a href="#"> 饭团 </a></li>
            <li>|</li>
            <li><a href="#"> 商城 </a></li>
            <li>|</li>
            <li><a href="#"> 资讯 </a></li>
            <li>|</li>
            <li><a href="#"> 应用 </a></li>
            <li>|</li>
            <li><a href="#"> 点播节目 </a></li>
            <li class="search">
```

```
                <form>
                    <input type="text" class="txt" />
                </form>
            </li>
            <li>
                <a href="Login.html">VIP 会员登录 </a>
            </li>
            <li>|</li>
            <li><a href="#">注册 </a></li>
        </ul>
    </div>
    </div>
    <div id="reg">
        <div id="regheader">注册新用户 </div>
        <div id="middle">
            <div id="content">
            <div class="reginfo regname">
                <p>您的昵称（中英文均可，酷酷的就成）</p>
                <input type="text" class="regtxt" />
            </div>
            <div class="reginfo regemail">
                <p>您的电子邮件地址（用于登录和找回密码）</p>
                <input type="text" class="regtxt" />
            </div>
            <div class="reginfo regpwd">
                <p>设定密码（4-20 个字符，英文或数字均可）</p>
                <input type="password" class="regtxt" />
           </div>
           </div><!-- 注册内容介绍 -->
             <p class="pbtnreg"><input type="button"  class="btnreg"/></p>
        </div>
        <div id="regfooter">
           <p class="p1">友情提示：</p>
           <p class="p2">如碰到无法注册的情况，请联系客服 <input type="button"
class="qqbtn" /> </p>
       </div>
    </div>
 ……
```

CSS 样式指导代码：

```
……
body {
    background-color:#f2f2f2;
}
```

```
a {
    color:#88878d;
}
div#header {
    width:100%;
    height:40px;
    background-color:#242424
}
div#menu {
    width:1348px;
}
div#header li {
    padding-left:10px;
    padding-right:10px;
    height:40px;
    line-height:40px;
    float:left;
    color:gray;
    }
 div#header li a {
     color:white;
}
 div#header li.search {
     margin-left:80px;
     margin-right:100px;
  }
 div#header .txt {
     height:20px;
     line-height:20px;
     border-radius:18px; //制作圆角矩形的文本框
     border:1px solid #242424;
     background:url(../images/search.png) #dcdcdc no-repeat; //文本框的背景颜色和图片
     padding-left:25px;
     width:176px;
     margin-top:10px;
}
 //注册区域
#reg{
    width:980px;
    height:470px;
    margin:0px auto;
    border:1px solid #dcdcde;
    border-radius:16px;
    margin-top:40px;
    background-color:white;
}
```

```
#regheader {
    text-align:center;
    height:80px;
    line-height:80px;
    border-bottom:1px solid #b7e9dd;
    font-weight:bold;
    font-size:30px;
 }
#reg #middle {
    height:180px;
    padding:100px 30px 30px 30px;
    border-bottom:1px solid #b7e9dd;
    background-color:#f4f4f4;
}
div.reginfo {
    width:282px;
    height:58px;
    color:white;
    font-weight:bold;
    font-family:Arial;
    border-radius:10px;
    padding:10px;
    float:left;
}
div.reginfo p {
    line-height:30px;
}
div.reginfo .regtxt {
    width:282px;
    height:31px;
    line-height:31px;
    border-radius:8px;
    border:none;
}
div.regname {
    background-color:#f09e38;
    }
div.regemail {
    backgrond-color:#60c6ec;
    margin:0px 5px;


}
div.regpwd {
    background-color:#9dcf32;
}
div#reg .btnreg {
```

```
    width:191px;
    height:50px;
    background-image:url(../images/btnreg.jpg);
    border:none;
    border-radius:10px;
}
div#content {
    overflow:hidden;
}
p.pbtnreg {
    text-align:center;
    margin-top:30px;

}
div#reg #regfooter {
    padding-left:30px;
}
div#reg #regfooter p {
    margin-top:10px;
}
#regfooter p.p1 {
    color:#959595;
    font-weight:bold;
    font-size:13px;
}
#regfooter p.p2 {
    color:#989898;
}
#regfooter .qqbtn {
     background-image:url(../images/qqbtn.jpg);
     width:78px;
     height:26px;
     border:none;
}……
```

关键代码 11 对应的运行效果，如图 5-34 所示。

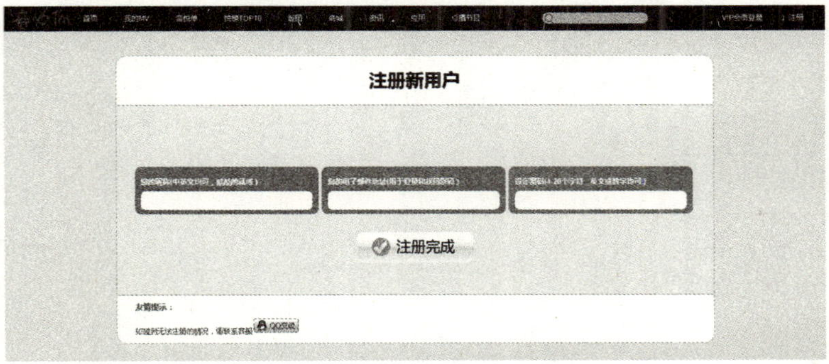

图 5-34　关键代码 11 效果图

关键代码 12：

body 布局代码：

```
……
<div id="login">
    <div id="loginheader">用户登录</div>
    <div id="middle">
        <div id="left">
            <h3>使用合作账号登录<span>(推荐)</span></h3>
            <ul>
                <li class="space line1"><a href="#"> <img src="images/loginbtn1.jpg"/>
</a></li>
                <li class="line1"><a href="#"> <img src="images/loginbtn2.jpg"/>
</a></li>
                <li class="space"><a href="#"> <img src="images/loginbtn3.jpg"/></a>
</li>
                <li><a href="#"> <img src="images/loginbtn4.jpg" /></a></li>
            </ul>
            <p>快捷登录，无须注册<br />与你的朋友分享你的爱！ </p>
        </div>
        <div id="right">
            <h3>音悦 Tai 账号登录</h3>
            <p><input type="text"  class="txt nametxt"/></p>
            <p><input type="password"  class=vtxt pwdtxt"/></p>
            <p><input type="checkbox" />下次自动登录</p>
            <p class="btnp"><input type="button" class="loginbtn"
/>  还没有音悦 Tai 账号？ <a href="#">立即注册！ </a></p>
        </div>
    </div>
</div>
……
```

CSS 样式指导代码：

```
……
 //登录区域
#login {
    width:980px;
    height:348px;
    margin·0px auto;
    border:1px solid #dcdcde;
    border-radius:16px;
    margin-top:40px;
    background-color:white;
}
#loginheader {
    text-align:center;
```

```
    height:80px;
    line-height:80px;
    border-bottom:1px solid #b7e9dd;
    font-weight:bold;
    font-size:30px;
}
#login #middle {
    height:210px;
    padding:30px;
}
#middle #left {
    float:left;
    border-right:1px solid #b7e9dd;
    width:480px;
}
#middle #left h3 {
    line-height:50px;
    font-size:16px;
}
#left h3 span {
    color:red;
    font-size:13px;
}
#left ul {
    margin-left:30px;
    width:300px;
    overflow:auto;
}
#left ul li {
    float:left;
}
#left ul li.space {
    margin-right:50px;
}
#left ul li.line1 {
    margin-bottom:50px;
}
#left p {
    float:right;
    line-height:30px;
    font-size:14px;
}
#middle #right {
    float:right;
    width:410px;
}
#middle #right h3 {
    line-height:50px;
    font-size:16px;
```

```
}
#middle #right .txt {
    width:260px;
    height:34px;
    border:1px solid #d9d9d9;
    border-radius:10px;
    background-repeat:no-repeat;
    padding-left:25px;
    background-position:left center;
    line-height:34px;
}
#right p {
    margin:10px;
}
#right .nametxt {
    background-image:url(../images/namebg.jpg);
    }
#right .pwdtxt {
    background-image:url(../images/pwdbg.jpg);
}
#right .loginbtn {
     background-image:url(../images/btnlogin.jpg);
     width:88px;
     height:34px;
     border:none;
     vertical-align:middle;
}
#right p a {
    color:#629500;
}
……
```

关键代码 12 对应的运行效果，如图 5-35 所示。

图 5-35　关键代码 12 效果图

3. 项目验收

填表 5-12 所示的项目记录单。

表 5-12　项目记录单

项目完成人	
项目完成所用时间	
项目效果	
改进之处	

习题

一、单选题

1. 设置图片旋转动画的属性值是（　　）。
   A. scale　　B. translate　　C. rotate　　D. skew
2. 设置盒子的定位方式为绝对定位的属性值是（　　）。
   A. relative　　B. fixed　　C. static　　D. absolute
3. 设置文本水平居中的属性是（　　）。
   A. text-align　　B. line-height　　C. align　　D. 都不对
4. 设置弹性盒子的属性值是（　　）。
   A. box-shadow　　B. flex　　C. box-flex　　D. box
5. CSS3 新增的选择器有哪些（　　）。
   A. CSS3 属性选择器　　B. CSS3 结构伪类选择器
   C. CSS3 UI 伪类选择器　　D. 前三项都对
6. 获取标签 ul 下的最后一个标签 li（　　）。
   A. ul li:nth-child(1)　　B. ul li:first-child　　C. ul li:last　　D. ul li:last-child
7. 设置背景图片大小的属性是（　　）。
   A. background　　B. background-img
   C. background-size　　D. background-width
8. 设置过渡动画的属性是（　　）。
   A. transition　　B. transform　　C. animation　　D. 以上都不对
9. 获取标签 ul 下的第三个 li 子容器（　　）。
   A. ul li:three　　B. ul li:nth-child(3)
   C. ul li:child(3)　　D. ul li:three-child
10. 设置图片倾斜动画的属性值是（　　）。
   A. scale　　B. translate　　C. rotate　　D. skew

二、上机题

（1）制作网页特效：模仿淘宝客服侧边栏制作滑动动画，参考效果图如图 5-36 和图 5-37 所示。

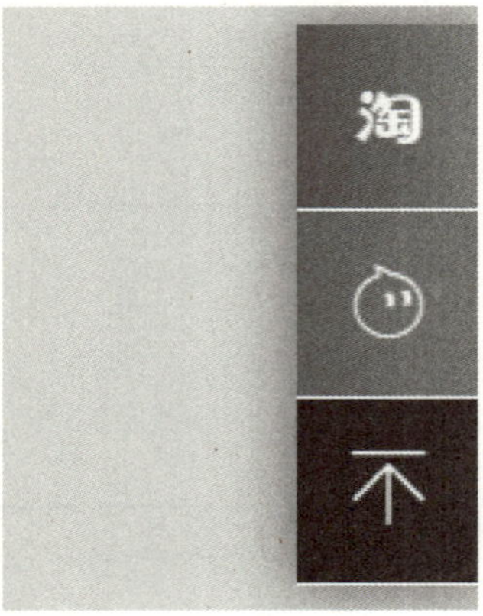

图 5-36　悬停前

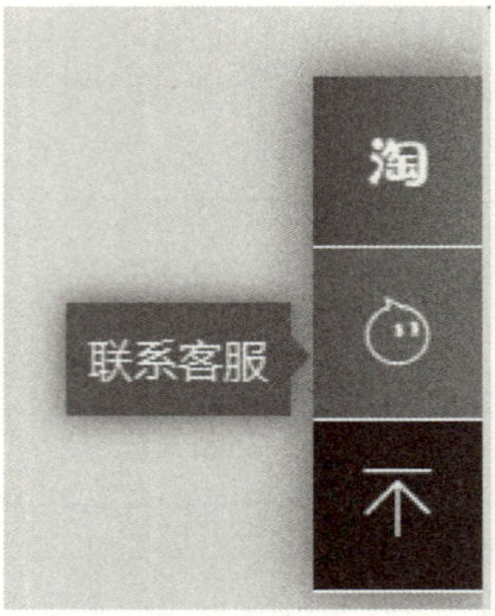

图 5-37　悬停时

（2）制作菜单收缩效果，效果如图 5-38 和图 5-39 所示。

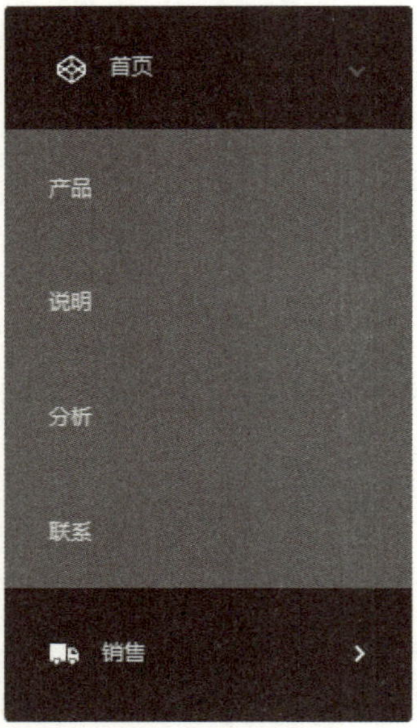

图 5-38　展开效果

图 5-39　鼠标单击收缩效果

附录A

Web前端开发职业技能等级证书模拟题库

"1+X"Web前端初级题目

一、单选题

1. 在HTML中，（　　）用来表示特殊字符引号。

   A. &reg　　B. &copy　　C. &quot　　D.

2. 下面关于文件路径的说法错误的是（　　）。

   A. "../"是返回当前目录的上一级目录
   B. "../"是返回当前目录的下一级目录
   C. 访问下一级目录直接输入相应的目录名即可
   D. 文件路径指文件存储的位置

3. 下列选项中定义标题最合理的是（　　）。

   A. <span class="header">文章标题</span>
   B. <p><b>文章标题</b></p>
   C. <h2>标题</h2>
   D. <div>文章标题</div>

4. 关于引入样式的优先级说法正确的是（　　）。

   A. 内联样式>!important>内部样式>外部样式>!important
   B. !important>内联样式>内部样式>外部样式
   C. 以上都不正确

5．在 HTML 中，下面（　　）不属于 HTML 文档的基本组成部分。

A．<STYLE></STYTLE>　　B．<BODY></BODY>

C．<HTML></HTML>　　D．<HEAD></HEAD>

6．在 HTML 中，下列有关邮箱的链接书写正确的是（　　）。

A．<A href="telnet:zhangming@aptech.com"> 发送邮件 </A>

B．<A href="mail:zhangming@aptech.com"> 发送邮件 </A>

C．<A href="ftp:zhangming@aptech.com"> 发送邮件 </A>

D．<A href="mailto:zhangming@aptech.com"> 发送邮件 </A>

7．在 HTML5 中，（　　）属性用于规定输入字段是必填的。

A．readonly　　B．required　　C．validate　　D．placeholder

8．HTML5 的正确 doctype 是（　　）。

A．<!DOCTYPE html>

B．<!DOCTYPE HTML5>

C．<!DOCTYPE HTML PUBLIC "-

D．//W3C//DTD HTML 5.0//EN" "http://www.w3.org/TR/html5/strict.dtd">

9．以下说法不正确的是（　　）。

A．HTML5 标准还在制定中　　B．HTML5 兼容以前 HTML4 下浏览器

C．<canvas> 标签替代 Flash　　D．简化的语法

10．设定一个元素按规定的动画执行，你需要运用（　　）规则。

A．animation　　B．keyframes　　C．flash　　D．transition

11．每段文字都需要首行缩进两个字的距离，该设置（　　）属性。

A．text-transform　　B．text-align　　C．text-indent　　D．text-decoration

12．关于 box-shadow 说法正确的是（　　）。

A．设置文字投影　　B．第一个值是设置水平距离的

C．第二个值是设置水平距离的　　D．第三个值是设置投影颜色的

13．设置盒子圆角的属性是（　　）。

A．box-sizing　　B．box-shadow　　C．border-radius　　D．border

14．将 div 类名以 'c' 开头元素添加文字为红色，书写正确的是（　　）。

A．div[class=^c]{color:red}　　B．div[class=$c]{color:red}

C．div[class=c]{color:red}　　D．div[class=*c]{color:red}

15．在 HTML 中，通过（　　）可以实现鼠标悬停在 div 上时，元素执行旋转 45 度效果。

A．div:hover{transform:rotale(45deg)}　　B．div:hover{transform:tanslate(50px)}

C．div:hover{transform:scale(1.5)}　　D．div:hover{transform:skew(45deg)};

16．关于 flex 说法正确的是（　　）。

A．flex 属性用于指定弹性子元素如何分配空间

B．flex:1 应该写在弹性元素上

C．设置 flex:1 无意义

D．flex 是指设置固定定位

17．让一个动画一直执行的属性是（　　）。

A．animation-direction　　B．animation-iteration-count

C．animation-play-state　　D．animation-delay

18．以下不属于 background-clip 的值的是（　　）。

A．border-box　　B．padding-box　　C．content-box　　D．none

19．以下 CSS 单位是绝对单位的是（　　）。

A．px　　B．em　　C．rem　　D．百分比

20．给某段文字设置下划线，应该设置（　　）属性。

A．text-transform　　B．text-indent　　C．text-align　　D．text-decoration

21．A 文件夹与 B 文件夹是同级文件夹，其中 A 下有 a. htm, B 下有 b. htm 文件，现在我们希望在 a.htm 文件中创建超链接，链接到 b.htm 应该在 a. htm 页面代码中如何描述链接内容？（　　）

A．../.. /b. htm　　B．./. ./. /B/b. htm

C．../B/b. htm　　D．b.htm

22．关于 border-radius 说法正确的是（　　）。

A．只能设置一个值　　B．设置容器样式

C．不能设置成圆形　　D．设置边框的圆角

23．在标签中通过以下哪个属性可以用于指定元素的行内样式？（　　）

A．class　　B．style　　C．id　　D．title

24．HTML 是什么语言？（　　）

A．扩展标记语言　　B．图形化标记语言

C．超文本标记语言　　D．高级文本语言

25．在 CSS 中，设置背景图像的代码正确的是（　　）。

A．background-image: src(img/41.jpg)　　B．background-img: src(img/41.jpg)

C．background-image: url(img/41.jpg)　　D．background-img: url(img/41.jpg)

26．（　　）标记用于表示 HTML 文档的结束。

A．</BODY>　　B．</TITLE>　　C．</HTML>　　D．</TABLE>

27．设置容器阴影的属性是（　　）。

A．border-radius　　B．border　　C．box-sizing　　D．box-shadow

28．以下（　　）标签是 HTML5 新增的标签。

A．<table>　　B．<iframe>　　C．<form>　　D．<figure>

29．以下关于在 CSS 中的选择器命名错误的是（　　）。

A．.table　　B．.box p　　C．div　　D．*

30．关于 HTML5 以下说法不正确的是（　　）。

A．HTML5 保留了以前绝大部分标签

B．解决跨浏览跨平台问题

C．标签区分大小写

D．HTML5 某些元素可以省略结束标签

二、多选题

1．以下（　　）是块级元素。

A．div　B．img　C．input　D．p

2．以下标签书写正确的是（　　）。

A．<p/>　B．
　C．<hr/>　D．<img/>

3．嵌入在 HTML 文档中的图像格式可以是（　　）。

A．*.gif　B．*.tif　C．*.bmp　D．*.jpg

4．请选出正确的选项（　　）。

A．属性要在开始标签中指定，用来表示该标签的性质和特性

B．通常都是以 " 属性名 =" 值 "" 的形式来表示

C．一个标签可以指定多个属性

D．指定多个属性时不用区分顺序

5．下面（　　）是 HTML5 新增的表单元素。

A．datalist　B．optgroup　C．output　D．legend

6．关于 media 说法正确的是（　　）。

A．@media 查询，你可以针对不同的媒体类型定义不同的样式

B．@media 可以设计响应式页面

C．当你重置浏览器大小的过程中，页面也会根据浏览器的宽度和高度重新渲染页面

D．可以用 media 属性在 link 中使用

7．文字溢出显示省略号应该拥有那些属性（　　）。

A．overflow: hidden;　B．white-space: nowrap;

C．text-overflow: ellipsis;　D．width:500px;

8．关于语义化说法不正确的是（　　）。

A．语义化的 HTML 有利于机器的阅读

B．Table 属于过时的标签，遇到数据列表时，需尽量使用 div 来模拟表格

C．语义化是 HTML5 带来的新概念，此前版本的 HTML 无法做到语义化

D．Header、article、address 都属于语义化明确的标签

9．background-origin 的值有哪些（　　）。

A．none　B．border-box　C．content-box　D．padding-box

10．以下属于 CSS3 新增属性的是（　　）。

A．text-overflow　B．background-size

C．background-clip　D．background-position

11．CSS 中 text-decoration 的值有（　　）。

A．list-through　B．none　C．underline　D．overline

12．下列关于 padding 值得描述正确的是（　　）。

A．当 padding 有三个值时，指的是上、左右、下

B．当 padding 有两个值时，指的是上下、左右

C．当 padding 有四个值时，指的是上、下、左、右

D．当 padding 给一个值时，指的是四个方向

13．下列关于 HTML5 的标签默认值描述正确的是（　　）。

A．li 的默认值是 display:list-itme

B．hr 的默认值是 border:1px inset

C．所有的标签都有结束标签

D．button , textarea , input ,select 的默认值是 display:inline-block

14．下列关于浮动 float 的说法正确的是（　　）。

A．可以通过 clear 来清除浮动

B．浮动使元素脱离文档普流，漂浮在普通流之上

C．浮动会产生块级框，而不管元素本身是什么

D．不可以通过伪类清除浮动

15．下列说法错误的是（　　）。

A．padding:10px; 只设置上边填充为 10 像素，其他三边为零像素

B．ol-li 列表默认情况下，每个 li 在浏览器中都会显示一个数字，代表自己的序号

C．CSS 选择器的优先级 !important> 标签选择器 >id>class

D．如果想为元素设置相对定位，需要设置 position:absolute

三、代码填空题

1．阅读下列说明、效果图和 HTML 代码，进行静态网页开发，填写（1）~（11）代码。

【说明】

这是某电商类网站服装商品展示页面局部，该网站正在促销秋冬季女装。现在我们需要编写该网站效果图部分代码。

项目名称为 shopping，包含首页 index.html、css 文件夹、img 文件夹，其中，css 文件夹包含 index.css 文件；img 文件夹包含 img1.jpg、img2.jpg、img3.jpg、img4.jpg、img5.jpg 图片。

【效果图】

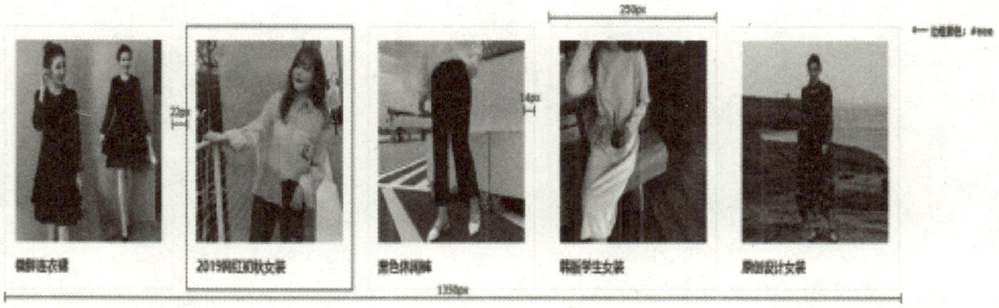

图 A-1

【代码：首页 index.html】

```
<!DOCTYPE html>
<html>
<head>
```

```
    <title>商品展示</title>
    <meta charset="utf-8">
    <link rel="stylesheet" type="text/css" href="css/index.css" />
</head>
<body>
<div class="box">
    <div class="con">
<!-- 根据上下文填入合适的标签 -->
<___(1)___ class="clear">
            <li>
                <img src="img/img1.jpg">
                <p>微胖连衣裙</p>
            </li>
            <li>
                <img src="img/img2.jpg">
                <p>2019 网红初秋女装</p>
            </li>
            <li>
                <img src="img/img3.jpg">
                <p>黑色休闲裤</p>
            </li>
            <li>
                <img src="img/img4.jpg">
                <p>韩版学生女装</p>
            </li>
            <li>
                <img src="img/img5.jpg">
                <p>原创设计女装</p>
            </li>
        </___(2)___>
    </div>
</div>
</body>
</html>
```

【代码：CSS 文件 index.css】

```
body,h1,h2,h3,h4,h5,h6,p,ul,ol,dl,dd{
    margin: 0;
    padding:0;
}
//清理默认 li 样式
ul{
```

```
    (3)  : (4) ;
}
//显示为块级元素
img{
    ____(5)____:____(6)____;
}
//清理左右浮动
.clear:after{
    content: "";
    display: block;
    ____(7)____:____(8)____;
}
.box{
    width: 100%;
}
.box .con{
    width: 1375px;
    margin:0 auto;
}
.box .con ul{
    padding-top:30px;
}
//左浮动
.box .con ul li{
    ____(9)____:____(10)____;
    width: 250px;
    margin:0 22px 22px 0;
    border:1px solid #eee;
}
.box .con ul li img{
    margin:15px auto 0;
}
.box .con ul li p{
    padding:15px;
}
//设置鼠标移入添加红色边框
.box .con ul  li:____(11)____{
    border:1px solid red;
}
```

【问题】（22 分，每空 2 分）

进行静态网页开发，补全代码，在（1）~（11）处填入正确的内容。

2. 阅读下列说明、效果图，进行静态网页开发，填写（1）至（13）代码。

【说明】

现接到思极商务有限公司官网页面开发的项目，根据业务需求，需要将业务列表页面的每一个业务以卡片形式展示；同时为提升用户体验，要求实现每个卡片在鼠标经过有旋转和放大效果。

项目名称为 goods，包含首页 index.html、css 文件夹、img 文件夹，其中，css 文件夹包含 style.css 文件；img 文件夹包含 icon-img.jpg、icon-img2.jpg、icon-img3.jpg 图片。

请使用 html+css3 完成以下效果，并在对应代码处将空缺代码补全。

【效果图】

（1）图 A-1 鼠标经过前

图 A-1

（2）图 A-2 鼠标经过

图 A-2　效果图

【代码：】

```
<!DOCTYPE html>
<html>
<head>
    <title>第二题</title>
    <meta charset="utf-8">
```

```
<!-- 根据说明正确导入当前目录下 css 文件夹中的 style.css -->
<link rel="stylesheet" type="text/css"  href="_____(1)______">
</head>
<body>
<div class="box">
    <div class="con">
        <ul class="clear">
            <li>
                <img src="img/icon-img.jpg">
                <p>优化速度</p>
                <span>更多</span>
            </li>
            <li>
                <img src="img/icon-img2.jpg">
                <p>营销分析</p>
                <span>更多</span>
            </li>
            <li>
<!-- 根据上下文填写正确的标签 -->
                <_____(2)_____ src="img/icon-img3.jpg" >
                <_____(3)_____ >SEO 和导入链接</p>
                <span>更多</span >
            </li>
        </ul>
    </div>
</div>
</body>
</html>
```

【代码】

```
// 注意：此处省略了部分和本题无关的 css 代码
.box .con ul li{
    float:left;
    background-color: #fff;
    width: 380px;
//设置 li 边框为圆角 15px，文字对齐方式为居中。
    _____(4)_____:_____(5)_____;
    _____(6)_____:_____(7)_____;
    overflow: hidden;
}
.box .con ul li:nth-child(2){
    margin:0 30px;
```

```
}
.box .con ul li img{
    margin:50px auto 0;
// 此处设置图片的过渡效果为 0.8 秒
    ______(8)______: 0.8s;
}
.box .con ul li p{
// 设置内边距上下为 0，左右为 15px
    _____(9)_____: _____(10)_____;
    line-height: 140px;
    border-bottom:1px solid #ddd;
    font-weight: 600;
    color:#555;
}
.box .con ul li span{
    display: block;
    width: 100%;
    height:60px;
    line-height: 60px;
// 此处设置文字的过渡效果为 0.8 秒
     ______(11)______: 0.8s;
}
// 用 CSS3 的实现鼠标经过图片旋转 360 度，放大 1.3 倍，离开再旋转还原。
.box .con ul li:hover img{
    ______(12)______:____________(13)____________;
}
.box .con ul li:hover span{
    background-color: #f7c324;
    font-weight: 600;
}
```

【问题】（26 分，每空 2 分）

进行静态网页开发，补全代码，在（1）至（13）处填入正确的内容。

参考文献

[1] 李志云 . 网页设计与制作案例教程 [M]. 北京：人民邮电出版社，2017.

[2] 陈承欢 . HTML5+CSS3 移动 Web 开发实战 [M]. 北京：人民邮电出版社，2019.

[3] 工业和信息化部教育与考试中心 . Web 前端开发：初级：上册 [M]. 北京：电子工业出版社，2019.

[4] 工业和信息化部教育与考试中心 . Web 前端开发：初级：下册 [M]. 北京：电子工业出版社，2019.